Sticky

The Secret Science of Surfaces

壁虎、泳衣和飞行器

[爱尔兰]
劳丽·温科莱斯
著

秦鹏 译

神奇的材料与黏性的秘密

Laurie Winkless

河北科学技术出版社
·石家庄·

著作权合同登记号 冀图登字：03-2024-52号

本书简体中文版由联合天际（北京）文化传媒有限公司取得，河北科学技术出版社出版。

版权所有，侵权必究！

图书在版编目（CIP）数据

壁虎、泳衣和飞行器：神奇的材料与黏性的秘密 / (爱尔兰) 劳丽·温科莱斯著；秦鹏译. -- 石家庄：河北科学技术出版社, 2024. 8. -- ISBN 978-7-5717-2190-9

Ⅰ . TB3

中国国家版本馆CIP数据核字第20248VC833号

壁虎、泳衣和飞行器：神奇的材料与黏性的秘密
BIHU YONGYI HE FEIXINGQI：SHENQI DE CAILIAO YU NIANXING DE MIMI

[爱尔兰] 劳丽·温科莱斯 著

秦鹏 译

选题策划	联合天际·边建强
责任编辑	徐艳硕
责任校对	李 虎
美术编辑	张 帆
装帧设计	梁全新
封面设计	吾然设计工作室

出　　版	河北科学技术出版社
地　　址	石家庄市友谊北大街330号（邮政编码：050061）
发　　行	未读（天津）文化传媒有限公司
印　　刷	三河市冀华印务有限公司
经　　销	新华书店
开　　本	787毫米 × 1092毫米 1/16
印　　张	16
字　　数	243千字
版　　次	2024年8月第1版
印　　次	2024年8月第1次印刷
Ｉ Ｓ Ｂ Ｎ	978-7-5717-2190-9
定　　价	59.00元

关注未读好书

客服咨询

致理查德，感谢你一直紧握我的手。

前言

　　任何喜欢修理和制造东西的人或许都在互联网上见过这么一张流程图：顶部写着"它动了吗？"底部则提供了两种解决方案："如果一个不该动的东西动了该怎么办？用胶带固定住就好了。那如果一个应该动的东西突然不动了，该怎么办？用WD-40®（见图1）。"长久以来，这两款产品一直被视为工具间的必备品，用途广泛，使用频率极高。毫无疑问，我也是它们的爱好者之一。

　　几年前，刚萌生写这本书的念头时，我对这两款产品有了一些感悟。由于它们一个牢牢地粘在物体表面，另一个用于润滑物体，所以在人们的印象里，它俩好似是对立的，分别占据着黏性和滑性尺度的两端。但实际上，不管是在我们的日常生活中，还是在精确受控的实验室环境中，都不存在这样的尺度。因为"黏"和"滑"这两个词本身就模棱两可，并没有精确到彼此对立的程度。尽管这两个词被广泛使用，但对身处不同时空的人而言，它们的含义大不相同。例如，有时它们可能让人联想到口香糖、胶带和糖浆，但有时又可能让人联想到结冰的道路、WD-40和湿瓷砖。另外，"黏"和"滑"这两个词也不是**真正**的材料特性，就像硬度和导热性一样。它们没有公认的科学定义，也没有可以用来量化或比较的具体指标。这些词在日常生活中随处可见，但在科学文献中很少出现，这种反差正是我决定将本书命名为

---

① 一种液体防锈剂，被称为"万能防锈润滑剂"。——译者注

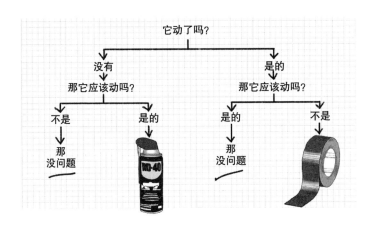

图1 互联网上流传的流程图

Sticky 的原因之一。[1]

我想重新定位这个为人所熟知的词语，并将之应用于大量有趣的互动上：尤其是那些发生在物体表面之上和物体表面之间的、古怪而奇妙的事情。许多科学现象都发生在两个物体相互接触之时，比如空气流经曲面、两块金属制品滑过彼此，或将胶水涂在木板上。黏性虽不是可以被测量或定义的特性，但其他许多与之相关的特性**是可以测量的**，并且这些特性受到了整个科学界的关注。

摩擦学[2]便是其中之一。该学科有时被描述为"搓搓洗洗"的科学，其重点是研究运动中的物体表面如何相互作用。乍一听这似乎有点小众，但我们会发现，这类相互作用就存在于我们身边，比如它们决定了冰川在岩石地貌上的运动和你电脑硬盘驱动器的呼呼声。不管致力于哪个领域，所有摩擦学学者最关心的都是摩擦，也就是平行于表面的阻力，它可以将静止的物体固定在原地（静摩擦），也可以减缓移动物体的运动（动摩擦）。

通过测量材料之间的摩擦力，并将其纳入几十年来不断发展和更新的数学模型，摩擦学家可以对物体表面获得深入而复杂的了解。这样一来，他们

---

[1] 而且我恰好也觉得它是个相当不错的标题。——作者注（后文注释若无特殊说明，均为作者注）

[2] 英语中的"**摩擦学**"（tribology）一词源自希腊语单词"tribos"，意思是"我搓"。

就可以找到控制摩擦的方法。每个有连接部件的系统，无论是工程学层面还是生物学层面，在设计时都考虑到了摩擦。比如在有些情况下，设计的目标是最大限度地增大摩擦，以便在极端条件下保持部件之间的抓持力或牵引力，但在另一些情况下，摩擦就成了敌人，使事物无从运作。无论是哪种情况，我们都不能忽视它。也因此，本书将摩擦作为贯穿每个章节的主线与核心。

从很多方面来讲，摩擦学都不是一门新科学。人类对物体表面相互作用的探索和操纵已有千年之久，而我们在很晚的时候才掌握了描述它们所需的方程和工具。关于这一点，有一个著名的例子可以在杰胡霍特普（Djehutihotep）的墓葬中找到，此人是4000年前上埃及一位有权势的地方长官。他那装饰华丽的墓室墙壁上绘有一幅如今被称为《运输巨像》（*Transport of the Colossus*）的壁画（见图2）。在这幅壁画中，一尊巨大的人物雕像被放置在木橇上，由一队搬运工人拖着。画中有一个人站在雕像的脚

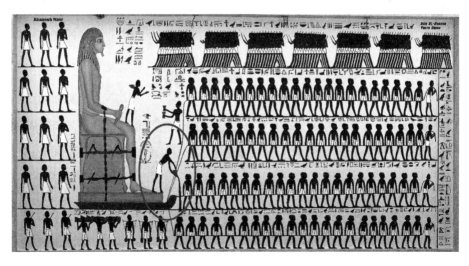

图2　杰胡霍特普墓葬内壁画的复制品，由艺术家亚巴诺·纳斯尔（Abanoub Nasr）与代尔·阿尔巴沙（Deir Al-Barsha）青年联盟共同创作而成，从图中我们可以看到，有一个人正将一瓶不明液体倾倒在木橇前方

边，正将一瓶不明液体倒入木橇前方。最初人们将这一细节解读为一种纯粹的仪式行为，但后来看到这幅壁画的一些工程师怀疑，这里倾倒的液体很可能是早期的一种润滑剂，可以让沉重的木橇在沙地上更容易滑动。

2014年，一个由丹尼尔·博恩（Daniel Bonn）教授领导的团队开始尝试解答这个问题。实验设计非常简单：他们给一个小木橇装载上重物，然后沿着混合有不同水量的沙地样本拉动它，并测量其所需的力。他们最感兴趣的度量是**摩擦系数 "μ"**（读作 "miu"）。这一比率在摩擦学研究和一般的工程与科学领域经常出现，因为它可以告诉我们两个材料表面之间相互作用的强度。① μ 值越接近0，则越容易在物体表面滑动。因此，冰与钢铁之间的 μ 值要略低于冰与木材（它们的 μ 值分别为0.03和0.05），而干沥青与橡胶之间的摩擦作用比前者高出18 ~ 30倍（ μ =0.9）。这部分解释了为什么轮胎能帮助车辆待在道路上，我们将在第5章详细介绍这一点。通过测量木橇在越来越湿的沙地上被拉动时摩擦系数的变化，博恩可以直接评估加水对沙子"滑溜程度"的影响。

所有干沙样本的摩擦力都很大，它们的 μ 值一般为0.55。博恩将此归因于"在木橇真正开始移动之前就已在其前方形成的沙堆"。随着博恩不断往里加水，沙堆变得越来越小，μ 值也随之降低。在某些情况下，仅仅通过加水，木橇和沙子之间的摩擦就可以减少40%。而一旦沙子的含水量超过5%，摩擦增大，更难拉动木撬。研究人员得出结论，在沙漠里运输物品时，存在一个最有利于物体滑动的含水量。这背后的机制对任何一个曾经用沙子填满并翻转水桶来制作沙堡的人来说都不陌生。如果里面的沙子是干的，沙堡就会自由流动并散开。相比之下，湿沙则可以保持其形状，这要归功于沙粒间形成的水桥。如果你混合得恰到好处，水就会把材料黏合在一起，提供一个

---

① 更确切地说，μ 是阻止物体表面之间运动的摩擦力与法向力（物体表面对居于其上的物体施加的"支撑"力或压迫力）的比率。正如有动摩擦和静摩擦一样，物体表面在"静止和运动"这两种状态下的 μ 值也是不同的。在本书中，我们会经常提到 μ。

光滑、坚硬的表面，供重物在上面滑动。2014年，博恩在接受《华盛顿邮报》采访时说："如果这种润滑机制被用于运送巨型雕塑，这将意味着'埃及人只需要干沙状态下一半的人力就能在湿沙上拉动……埃及人可能知道这个小妙招'。"

在润滑的世界里，水不再是主角。今天市面上有成千上万种润滑剂，其中大多以矿物油（石油）为基础。它们的用途都是减少运动物体表面之间的摩擦。无论是廉价的割草机，还是高科技的火星车，都会用到润滑剂。这些可以减少摩擦的化合物在全球有着巨大的市场，到2020年其经济价值已超过1500亿美元。我们会在第9章谈论一些最新的固体润滑剂。此外，我们仍可以从山体滑坡等地质过程，以及第6章和第7章中提及的地震和冰中看到水的润滑作用。但更多时候，水和许多流体一样会对表面施加摩擦力。水会拖住在其中移动的物体，使它们的速度变慢。我们可以通过**流体动力学**——关于运动中的液体和气体的科学来理解这种影响广泛的阻力。在第4章中，我们会发现每只球和每架飞机的飞行都受到了其周围空气的影响。如果你恰好喜欢游泳，那么第3章将为你揭示如何才能劈水而行，你将见识到一些通过将水从表面推开来减少其影响的水下技术。

然而，由于种种原因，有很多东西没有写进这本书。例如，我原本计划撰写一个章节来介绍表面科学的医学应用，内容包括凭借特制粒子实现的定向药物输送和促进细胞黏附与生长的植入物。鉴于在我写这些文字的时候（2021年1月），新冠病毒还在以一种可以通过空气和物体表面传播的形式影响着地球上每个人的生活。但考虑到实际情况，对于这样一个庞大主题，我已经没有多余的时间来写它，这一遗漏令人遗憾。其他章节的重点也都有些许调整。第2章原本要探讨的是动物利用表面科学来导航和控制周围环境的众多方法，蜘蛛、海胆和鲨鱼都在候选名单上，结果这一章现在只聚焦于一种动物——壁虎。在研究这种爬行纲蜥蜴目动物的过程中，我被它迷住了：

这种动物的攀爬能力背后隐藏的机制令人震撼，许多技术的诞生都受其启发。本书还列举了自然界中的其他例子。在第8章中，我将从物理学家的视角来审视我们的触觉，以及它在人类社会中所发挥的作用。最后（或者也可以说"首先"），第1章是对所有黏性事物的介绍，包括对一些我经常被问到的滑溜产品工作原理的描述。

从本质上讲，这是一本关于各种材料及其表面受力情况的书。自2007年以来，我一直对这个话题很感兴趣。当时我参与了这样一个项目：研究如何利用带有图案的表面来控制摩擦和流体流动，并以此为基础开展了包括防水材料在内的一系列研究。后来，当我写《科学与城市》（*Science and the City*）一书时，此类关于物体表面相互作用的话题时常闪现在我的脑海中，从铁轨上树叶的滑性到轮胎对道路的抓力。与我们对摩擦的了解和关注相比，它对现代世界的重要性简直大到不可思议。也就是在那时，我有了撰写此书的想法。当我开始从"物体的表面"看问题时，我就停不下来了，最终的成果就是这本书。

我并不打算在这本书中事无巨细地探索物体表面的相互作用，也不想把它写成一本物理学教科书、一本关于摩擦的数学专著，或者是一个对市场上最好胶水的深入调查报告。如果你需要那种知识，我很乐意为你推荐其他参考资料。[①] 在本书中，你将会看到我最喜欢的一些例证，它们可以说明作用在材料表面的力如何塑造了我们身边的世界。由于这些力的影响跨越了各个科学领域，所以我们的旅程中可能会出现一些意外的转折。我认为（也希望）所有人都能在这本书中找到自己想要的东西。

在研究这些课题的过程中，我有幸与来自科学界和社会其他各界的许多杰出人士交流。他们都是各自领域的专家，慷慨地抽出时间与我交谈，并分

---

① 本书结尾附有延伸阅读书目，其中介绍了一些重要的参考文献。你可以在我的个人网站上找到完整的参考文献清单（部分附有链接）。

享他们的知识。我对他们的感激之情难以言表，我非常乐意为你介绍他们每个人。

那么，接下来何不换上舒适的衣服，烧壶热水，泡杯茶，听我讲讲这些故事。

目 录

第1章

黏与滑的奥秘

本书关注的是物体表面的科学，澳大利亚偏远的西北部看起来并不像一个理所当然的破题之处。但如果我们想探索人类与黏性物质的关系，没有比那里更好的地方了。金伯利地区以其陡峭的峡谷和原始水域的壮丽景观而闻名，土地辽阔——面积大约是爱尔兰国土面积的5倍，人口却不到3.7万人。[1]这片土地拥有极其古老的历史，形成于至少18亿年前，并且自那时起，它基本上就没有再受到构造作用力的影响。那里的土壤颜色繁多，从亮黄色到深浅不一的红色，偶尔还有深到发黑的紫色。

该地区日暮般的色彩源于岩石中不同形式的氢氧化铁——铁、氧和氢原子的每一种组合都产生了自己的色调。这些材料被统称为"赭石"，是人类的第一种颜料。几千年来，金伯利地区的原住民一直熟练地使用赭石来留下他们的印记：分享故事，纪念祖先，传达对周围世界的体验。今天的艺术家会在画布或木头上作画，这些作品构成了一条不间断的系谱，可以追溯到最早的艺术形式——岩画艺术。金伯利地区拥有世界上最精美、最古老的作品之一。

其中最著名的是格维翁（Gwion）风格的图案。在金伯利北部发现的这些图案"以精心描绘的人物像为主，他们身穿精致的礼服，戴着长长的头饰，旁边还有回旋镖、长矛等物质文化"。尽管蕴含着巨大的文化价值，但有许多格维翁遗址在当地大兴土木的过程中被毁坏。许多人都在指责文化遗产保护法存在漏洞，来自雅玛特吉·玛尔帕原住民团体的西蒙·霍金斯（Simon Hawkins）更是形容目前的保护措施"陈旧过时……像个笑话"。金伯利地区的人们对于分享他们祖先的知识一直都很谨慎，这是可以理解的。在加林恩族四位年迈长老共同撰写的《格维翁格维翁：好妈妈》（*Gwion*

---

[1]　相当于每平方千米0.08人。澳大利亚整体的人口密度是每平方千米3.2人。

Gwion: dulwan mamaa）一书中，格维翁岩画被描述为"保护人类……血液……法律的秘密"。

不过近年来，许多原住民团体开始向西方科学家寻求帮助，以了解这种艺术是如何以及何时创造的。澳大利亚岩画的创作时间是出了名的难以鉴定，因为它的铁基颜料缺乏碳，而碳是用于放射性碳年代测定的必要元素。不过，2020年的一项研究发现了一种创造性的方法。与传统拥有者团体一起，墨尔本大学的科学家研究了来自14个秘密地点的格维翁艺术品。在每个地点，他们都提取了微量黄蜂巢样本，这些黄蜂巢要么位于用来绘制图像的颜料下面，要么在它上面。通过对这些蜂巢残留物进行碳年代测定，研究人员可以为每件作品划出大致的年代范围。他们的结论是，这些图案大多"绘制于12700年前至11500年前一个相对较短的时间内"。

虽然年代久远，但这还算不上澳大利亚最古老的岩画，"最古老的"这一头衔目前由人们于2012年在北领地周恩地区发现的一件样本保持。那件样本是一块石英岩，上面有用木炭描绘的各种形状，被认为是一幅巨型画作的碎片。经过测定，那块石头已有2.8万年的历史。还有很多考古证据表明，人类在这类遗址居住的历史极为漫长。[①]这个课题值得写一本书了。我真正迷恋的其实是赭石非凡的持久力。颜料怎么可以这么持久？要知道它被涂在岩壁上2.3万年之后，埃及人才开始建造他们古老的金字塔。另外，它与今天的高科技、分子控制涂料又有着怎样的联系？

我曾经有幸拜访了受人尊敬的艺术家加布里埃尔·诺多（Gabriel Nodea），他对吉纳族人（Gija people）有着深刻的了解。加布里埃尔的绘画工艺融合了传统和现代材料。像他的祖先一样，他通过研磨色彩鲜艳的岩石来制造粉末状颜料。他将与水混合的聚乙烯醇胶水作为黏合剂，同颜料搅拌在一起，

---

① 通过对金伯利东北部一处大型沉积地貌——敏吉瓦拉（Minjiwarra）出土的工具展开的考古研究，我们推测原住民聚集区在这里已经存在了5万年之久。

图3 吉纳艺术家加布里埃尔·诺多及其用赭石绘制的画作，这幅作品描述的是沃曼（Warmum）的故事

然后涂抹在岩壁表面。他的颜料很牢靠，可以在画布上维持几十年，但他说："吉纳族人的颜料并不是粘在岩壁上的。我无法告诉你他们是如何做到的。因为我也仅知道皮毛，所以很难描述。我唯一知道的是，他们充分调动了自己的视觉和思维，从不同角度看问题。而且他们一定有什么秘密配方，因为仅靠水和赭石是行不通的。"

"长期以来，研究人员一直在试图弄清楚岩画中使用的黏合剂是什么，"格里姆瓦德文化材料保护中心的研究员、诺多的同事玛塞勒·斯科特（Marcelle Scott）博士说，"但最大的挑战是，我们能接触到的材料毕竟有限。另外，我们还需要留意岩画和岩石表面之间的化学相似性，因为这一点可能关系到它的适应性。"斯科特在墨尔本接受了我的电话采访，他说后者可以得出一些有趣的结论："当人们在样本中看到氧化铁时，他们会很容易联想到'血液'。但在大多数情况下，氧化铁来自赭石。"血液有时**确实**被当地的原住民用于艺术创作，比如2001年去世的著名吉纳艺术家杰克·布里滕（Jack Britten）就曾用桉树的汁液和少量袋鼠血来黏合赭石。但据我所知，截至目前，还没有人从澳大利亚传统的岩画中识别出任何一种材料。不过，人们对来自世界上其他遗址的岩画已经有所了解。例如，考古人员曾在南非桑族人的岩画中发现了芦荟汁液的痕迹。我们所掌握的关于这些古代画作的化学信息大多来自对其颜料的分析，比如过去就有一个专门针对格维翁岩画中使用的一种独特的桑树颜料的研究。通过使用便携式X射线荧光分析仪来分析赭石样本，研究人员揭示了其鲜艳的颜色源于黄钾铁矾——一种含有钾和硫酸盐的矿物。人们的研究还涉及其他诸多方面，从识别巧妙伪装的文物毁坏行为到精确定位特定赭石的开采地。

2011年，悲剧降临在东金伯利地区的一个小社区——沃曼艺术中心。这场悲剧再次让人们意识到赭石颜料与"这片土地"的密切联系。50多年来，沃曼艺术中心在当代原住民艺术界占据着特殊地位。它由吉纳族人拥有和管理，培养出了多位知名的澳大利亚艺术家，是文化知识和艺术作品的重要储存库。因此，当山洪暴发袭击该地，摧毁了艺术中心及其周围的房屋时，这场灾难对澳大利亚的艺术发展造成了深远的影响。"到处都是画，散布得很远，我们不得不骑着摩托车去找它们，"吉纳艺术家罗斯利恩·帕克（Roseleen Park）告诉《悉尼先驱晨报》的记者，"树上有，山上有，还有的缠在铁丝网上。我抢救回来大约100幅。"时任该艺术中心主席的诺多说："最让我揪心的就是那里的藏品，看到我们的画作被冲走、被损坏，那感觉令人崩溃。对我们的人民来说，澳大利亚艺术的重要性是不言而喻的。它构建了我们与自身文化的关系，让我们与令人振奋的古老传说、乡土风情以及彼此紧紧相连。"

其中一些受损作品由斯科特和她墨尔本大学的同事保管。"以已故艺术家作品为特色的沃曼社区收藏馆对澳大利亚来说有着重要的历史意义，能作

为保护者参与其中，我们深感荣幸，"但她也直言了他们所面临的巨大挑战，
"这些作品中有上百件上面黏附着泥土，而且许多都已经发霉。"保护小组还
要应对一系列不同材料，如木材、帆布和水泥板等。正如我们在下面将要揭
示的那样，在决定颜料与物体表面结合紧密程度的因素中，黏附于何种材料
与依赖何种成分达成黏附一样重要。斯科特说，最终事实证明，这些颜料的
表面非常牢固。"处理表面很困难，但这是我们工作的一部分，我担心我们
能否在不损害画作的情况下清除掉上面的泥浆（实际上是湿赭石）。不过沃
曼的艺术家很熟悉这些材料，在他们的帮助下，清理工作比我们预想的要顺
利。"这些经过精心修复的艺术品在 2013 年被送回沃曼，现被安置在沃曼艺
术中心附近一个专门建造的存储设施中。

　　与当代艺术作品不同，千百年来，装饰着金伯利岩壁和洞穴的岩画无法
摆脱大自然的破坏性力量，而且这种破坏有时可能是极端的。该地区雨季潮
湿闷热，而旱季则是白天阳光明媚，夜间霜冻频袭。剧烈的气候变化使人们
更加好奇这种古老的岩画是如何保存下来的。但人们也发现，有一种天气可
能有助于它们的**保存**。

　　荒漠漆皮是一种深色的薄涂层（大于 0.2 毫米[①]），多形成于暴露的岩石
表面。虽然荒漠漆皮最常见于干旱地区，但从冰岛到夏威夷，到处都能发现
它的踪迹。它往往富含锰和铁的氧化物，与其所附着岩石蕴含的化合物类
似。将这一涂层与下面的岩石区分开来的是高度凝聚的二氧化硅、铝及其他
氧化物。这些矿物质将荒漠漆皮转化为坚硬的玻璃状表面，从而对岩石起到
保护作用。根据科学家的说法，荒漠漆皮的扩散是靠风完成的。在横扫沙漠
的过程中，风会带走灰尘颗粒，并将它们沉积在岩石表面。然而，一旦这些
灰尘颗粒落地，后续会发生什么仍然是个谜。一些人提出了某种与微小真菌
孢子有关的生物机制，就像二氧化硅在有水情况下会发生化学分解一样。我

[①]　这相当于 200 微米，大约与 2 张 A4 纸的厚度相同。

们知道，荒漠漆皮的形成速度随着时间和地点的不同而变化。澳大利亚的一项研究发现荒漠漆皮发生在至少 1 万年前的"主要成漆"时期，并在随后出现多个不同厚度层次的证据。

斯科特说，像这样的自然过程就可以解释为什么一些岩画能保存这么久。"天气肯定有影响，但其程度取决于荒漠漆皮形成的时间点——相对于岩画的创作时间而言。假如它形成于绘画完成后不久，那么一个潮湿时期就会对岩画造成损害，但一个干燥时期可能会促使保护层形成。"即使形成了荒漠漆皮，这种保护层也并非刀枪不入。盐雾和火都可以破坏它，而且在部分地区破坏速度甚至超过了形成速度。目前尚不清楚这对澳大利亚珍贵的岩画遗址会有什么长期影响。考虑到气候变化、采矿作业和人口增长等其他因素，澳大利亚岩石遗址的前景着实令人担忧。

我一边凝视着一块向外伸展的巨大岩石，一边思考着这一切。岩石上布满了层层叠叠的手印和图案——一片由橙色、白色和红色组成的海洋，这里也因此得名"红手洞"。红手洞位于悉尼以西一小时车程的地方，被认为是蓝山原住民艺术的最佳范例之一。这些图案是年轻男孩将赭石涂抹在手掌上绘制的——作为他们成人仪式的一部分，其历史可以追溯到大约 1600 年前。我看不到任何荒漠漆皮的痕迹，但颜料仍然鲜亮。我侧身向前，把脸靠在保护遗址的金属栅栏上，想尽可能地靠近这些岩画。有好几分钟，唯一的声音来自沙沙作响的桉树。当我往回走的时候，和一些游客擦肩而过，我听到一个幼小的声音说："爸爸，我们可以把手印摁在我床边的墙上。那一定很酷！"这位爸爸很快回复："也许吧，宝贝，但别指望它们能像这些手印一样持久。"

涂料

现代涂料在很大程度上仍遵循着将固体颜料（提供颜色）混合于液体介质（将颜料附着在表面）的模式。但它也包括一系列不同的添加剂，每一种都赋予最终产品特定的性能。结果就是涂料的种类仿佛无穷无尽，可以满足人们的任何需求，从桥梁到汽车，从玻璃到帆布，只要物体的表面需要涂层，总能找到一款合适的涂料。要了解涂料是如何做到这一点的，我们需要先来谈谈它们的制造原理。

如果你想生产艺术家用的油画颜料，你首先得了解溶剂，最常见的是亚麻籽油，这种稻草色的透明油脂以亚麻籽为原料。①虽然亚麻籽油可能看起来足够"粘"在画布上，但我们还需要添加稳定剂——通常是一种叫作硬脂酸铝的化合物。接下来要加入的是一种精细的粉末状颜料。想要亮白色，你需要加入二氧化钛；想要漂亮的蓝色，你可以加入少量的铝酸钴。然后用大搅拌刀片将这些混合物搅拌4个小时，这样可以让稳定剂找到颜料颗粒，覆盖它们并帮助它们分散到油液中。混合物也会因此变得更加黏稠，呈糊状质地。下一步，我们要用到的是三辊研磨机。这是一台拥有三个花岗岩或不锈钢制滚筒的巨大机器。三个滚筒以不同速度旋转，相互之间只隔着几微米的距离。研磨机将颜料颗粒带入越来越小的缝隙，再进一步研磨和分离。在《色谱乌托邦》（*Chromatopia*）一书中，颜料制造大师戴维·科尔斯（David Coles）写道："研磨机是颜料制造的核心。"而且他提醒说，研磨机的使用不仅是一门科学，还是一门技艺。滚筒之间的摩擦使其升温、膨胀，从而改变间隙的大小。这种升温会改变颜料的流动特性，也会造成不同批次颜料间的

---

① 可食用的亚麻籽油的加工过程中不会使用溶剂。

细微差异。因此，"颜料生产者必须持续关注研磨过程中出现的变幻莫测的状况"。结果是出人意料的：一种柔滑、鲜艳、呈黄油状的颜料——其固体颗粒含量可能超过总体积的50%。一旦通过质地测试和颜色对比检查，颜料就会被灌入管状包装中，以备使用。

油性颜料被涂抹到物体表面后不会变得**干燥**，因为干燥意味着水分会流失到空气中。与之相反，颜料会主动从空气中夺取氧，并利用氧在相邻分子间形成化学键。随着这种被称为固化或聚合反应的进行，相同的分子链会彼此联结，形成一个致密的网络和固体薄膜，使颜料逐渐变硬。这也意味着油性颜料在固化过程中会变得更重。[①]事实上，根据生产方式的不同，部分亚麻籽油可以使其增重15%以上。

水性涂料的情况就完全不同了。DIY（自己动手做）爱好者经常使用这类涂料来让房间"焕然一新"。顾名思义，水性涂料的颜料颗粒是浮在水中的。一旦被涂抹到物体表面，这种液体就会慢慢蒸发，留下一层由黏合剂化合物固定的颜料薄膜。水性涂料中颜料与溶剂的比例通常比油性涂料低得多。涂料制造商树脂（Resene）的技术总监柯林·古奇（Colin Gooch）告诉我："一罐4升的高质量水性涂料可能只含1.5升多一点的固体——实际上就是这些物质在物体表面形成了薄膜。另外的2.5升成分的作用是保持这些固体物质分散，让我们能将颜料从罐子里挖出来抹到墙上。"

制作一罐标准油漆更多的是依赖工业化的流程，而不是匠人技艺，但正如我亲眼所见，这并没有削弱其神奇之处。树脂公司是新西兰最具代表性的企业之一，完全由新西兰人运作，在涂料制造领域已经深耕了70多年。该企业的工厂和总部位于惠灵顿郊外20千米的纳伊纳伊（Naenae），主要生产水性涂料。我家在装修时也使用了他们的一些产品，所以我非常希望能一探究竟，并在这个过程中学习一些关于涂料的化学知识。很快，我就发现古奇

---

① 至少最初如此。在其他化学反应过程中，油性液体中的一些化合物还会被释放到大气中。

完全是我的得力帮手。尽管担任该公司的技术总监已有半个世纪之久，但他仍然对涂料充满热情。在大厅见面后，他握着我的手说："我真的应该先提醒你，涂料行业有多容易令人上瘾。一旦你投入进来，看到其中的挑战和机遇，你就无法自拔了！"

在喝完咖啡，简单聊了聊公司的历史后，我们走进实验室，开始谈论制造涂料的挑战。他指着架子上一大堆贴着标签的样本说："首先要说的是，没有任何涂料是十全十美的。我们的产品不可能应用于所有材料，因为混凝土与封檐板的表面非常不同。如果我们想为某种特定材料生产一款涂料，就需要对该材料有深入的了解。只有做到了这一点，我们才能考虑配方的问题。"

颜料通常是第一步。就像油画和赭石岩画所使用的颜料一样，这些颜料都是粉末状的，它们的大小和形状为有想法的化学家提供了机会。二氧化钛，古奇形容它是一种"非常粗糙的颜料"，平均粒径只有300纳米。你可以在一粒罂粟种子中放入近3500个颜料颗粒，而更为细腻的洋红色颜料单个颗粒有26个可识别的面。这些纳米尺度上的复杂性很重要，因为一般来说，物体表面可触及的原子越多，就越容易发生反应。"我们需要触发涂料的化学反应，"当我们穿过院子，朝一座大型建筑走去时，古奇说，"就拿溶于水的糖来说。如果我们让水蒸发掉，最后剩下的就是起初放进去的那些糖粒——没有任何变化。"这个比喻很恰当，因为就像糖一样，大多数商用颜料都是亲水性的，所以让它们溶解在水中不是问题。问题是，当水消失后，如何让它们停留在物体表面。古奇继续说："我们想要一种能真正黏附在物体表面的着色膜，这意味着我们需要操控粒子表面的化学特性。"

为了解决这个问题，涂料制造商将目光转向了被称为"树脂"的黏合剂——由各种化合物制成。古奇是丙烯酸聚合物的追捧者，主要是因为它们可以形成长而重的分子。"分子量越大，涂料就越耐用，"他说，"原因很简单。大多数影响涂料耐久性的因素，如紫外线，都是通过分解分子产生破坏作用的。分子越大，降解所需的时间就越长。"人们也可以通过调整丙烯酸含量来改变最终涂料膜的硬度，而且这个过程快速、高效。"丙烯酸技术特别巧妙，也很难失败。"古奇兴奋地说。

不过，这一技术存在一个问题：丙烯酸颗粒是疏水性的，它们排斥水。"那么，如何让它们留在'水'这一介质中呢？"我困惑地问。在我的脑海中，微小的丙烯酸颗粒往往漂浮在水面，因为它们在所有方向上都被水分子排斥。

"疏水的黏合剂和亲水的颜料之间的接触是涂料最大的弱点，"他回答道，"我们通过表面活性剂或两亲分子①这类介质来加强它。这种分子有两个不同的末端，一端倾向于与黏合剂结合，另一端倾向于与颜料结合。"这些分子就像桥梁一样，用化学方式将两个本不会相遇的颗粒连在一起，而它们产生的液滴可以在水中愉快地漂来漂去。当你把这种混合物涂在物体表面，然后水分开始蒸发时，颜料和黏合剂的液滴就会彼此靠近，并贴近物体表面，最终形成一层坚韧而又有弹性的薄膜。那便是墙上的涂料斑块。

"大量的涂料设计都是为了这个短暂的阶段，让涂料在罐子里保持稳定的特性。表面活性剂可能会对物体表面造成伤害，但如果没有它，我们很难把涂料涂到物体表面！"古奇说这话的时候，我们俩同时看向一个大桶，里面装有明亮的白色液体。有人告诉我，那是一个泄压罐，里面装着10000升标准白涂料。除了水、颜料颗粒和黏合剂颗粒，罐子里可能还有其他涂料添加剂，其作用也许是防止发霉，或者是使最终形成的薄膜更容易清洗。从这里开始，即将制成的涂料样本将在实验室接受测试，并比照参考资料。待全部测试都通过后，涂料会被装罐并被转移到仓库进行分发。从原材料到密封

---

① 你家里极有可能有一瓶两亲分子，它们更常见的名字是"洗涤剂"。它们有助于去除表面的疏水性油脂，这是水无法单独完成的任务。

的罐装涂料，整个过程大约需要2天时间。

黏附

在所有关于涂料的讨论中，我遗漏了一些重要的东西——任何黏合材料（如涂层、油漆或胶水）实际附着在物体表面的机制。换句话说，到底什么是黏附力？我们如何才能准确地定义一个东西有多"黏"？

这些问题的答案取决于你问的是谁。对化学家来说，用能量来描述附着力可能是最好的。对物理学家或工程师来说，黏附力与力相关。这两种观点都正确，因为从根本上讲，黏附力指的是不同材料分子间的吸引力。而黏附力的强度通常由分离它们所需的努力或工作来定义：要么是能量的多少，要么是拆开连接所需的最大力量。

很多人把自己的职业生涯投入对黏附力的研究中。全球黏合剂产业规模巨大，2018年，它的经济价值已达450亿美元。因此，试图用几页纸来总结它并不是明智的做法。不管怎样，让我们先从基础知识开始，了解材料之间的联系可能是什么样的。设想一种通用的人造接合面：一滴不知名的液体停留在一块干净的固体材料上。一般来说，这些材料的相互作用方式可能有三到四种：

首先是化学层面的。 如果黏合剂和物体表面之间形成了分子键，那么两者便是以化学方式相互作用的。在涂料中，这种黏附力是由颜料颗粒周围的黏合剂分子促成的。它们与物体表面的分子发生反应，相互分享和借用电子，然后在二者的接合面上形成新的化合物。这与一个被称为"吸附"的过程有关，即黏合剂需要"润湿"表面（我们稍后会详细介绍这一点）。

然后是物理层面的。没有任何固体材料是真正光滑的。即便是高度抛光的玻璃片，在微观尺度下也是峰谷交错。从理论上说，如果液体可以流进这些不平之地，它就可以与物体表面进行特别亲密的接触。液体和固体之间实际上没有发生反应。这种被称为"连锁"的连接是物理现象，而不是化学现象。液体附着物体表面的方式类似于攀岩者将手指伸进山体的缝隙。这种机制就是涂料制造商建议在涂刷墙壁或木制家具之前用砂纸将它们打磨粗糙的原因：这样才能为物体表面增加更多的崎岖。粗糙度被广泛认为是一种屏障，可以防止物体表面和涂层之间开裂。

然而，这种机制的重要性很可能取决于产品的用途。涂料是一种涂层，是一种应用于固体表面的液体，它会在表面干燥或固化。相比之下，黏合剂是用来把东西连接在一起的——相当于三明治中的"肉"，而不是最上面的面包。如果你试图用液体黏合剂来黏合两种材料，其粗糙度未必会促成材料之间的连锁。凯文·肯德尔（Kevin Kendall）[1]教授是黏附科学领域的大人物，他写了一部名为《黏性宇宙》（*The Sticky Universe*）的著作。关于粗糙度，他在书中描述道："在制造或连接的过程中，它总是与你作对。"他还证明了在某些情况下，增加表面粗糙度可能会大幅降低两种材料之间的黏附力。

但无论是抹胶还是刷涂料，大家似乎都认为粗糙的表面有一定好处。在打磨或者刮擦材料的过程中，你间接地清洁了它。通过去除油迹、污渍和其他随时间积累的污物，你改变了其表面的化学特性。干净的表面总是比被污染的表面有更好的黏附力，无论其接合面有多粗糙。因此，粗糙度对黏附力来说并不是**无关紧要**，只不过它不是唯一重要的因素。

为了理解**扩散**，也就是第三种液固接合面相互作用的方式，我请教了

---

[1]　肯德尔是提出约翰逊－肯德尔－罗伯茨（JKR）理论的人之一，该理论解释了两个物体在相互接触时会如何变形。

英国皇家化学学会会员、黏合剂专家史蒂文·阿博特（Steven Abbott）教授。他拥有数十年从业经验，非常熟悉黏合剂和涂层的各种要求。[①]在一通漫长的清晨电话中，他解释说，黏附形式的重要程度取决于产品的具体功能。

扩散通常只发生在固体是聚合物的情况下，但这并不意味着它是罕见的。聚合物无处不在，无论是在自然界（橡胶、丝绸、纤维素）还是在工业世界（尼龙、硅胶和特氟龙）。定义某物是否为聚合物主要从结构来判断：其分子呈重复的长链。在这种黏附方式中，分子之间的结合不如在接合面上相互纠缠（就像两盘煮熟的意大利面条被搅成了一锅）的那么多。在油漆和涂料行业，扩散被视为一种罕见的黏附方式，几乎不会得到实际应用。但阿博特说，它在黏合剂中发挥着重要作用。

人们忽视了扩散的重要性，因为他们固守着大块聚合物不能混合的想法。但他们忘了，50年前，一位名叫尤金·赫尔方（Eugene Helfand）的科学家证明了聚合物在接合面上遵循着非常独特的热力学规则。在那里，你可以很容易地发现在纳米层面相互纠缠的物质，而这往往足以让材料之间形成强大的连接。

按照全球黏性产品巨头3M公司的说法，还有第四种黏附方式：**静电相互作用**。该公司负责人表示，如果你曾经看到过一张纸在你准备为其贴上胶带之前飘走了，那么你已经体验了这一效果。但我认为，当你把胶带拉开时，带电粒子在胶带上堆积产生的吸引力并不是让胶带**粘在**物体表面的原因。是的，它有助于将材料吸引到一起，但这并不是二者保持贴紧状态的原因。所以，我有点犹豫是否可以把静电学视为一种"黏附模型"。也许这种

---

① 2020年，史蒂文·阿博特与皇家化学学会合作出版了《粘在一起》（*Sticking Together*）一书，其中谈到了黏合剂和涂料科学，比我在这里讲的要详细得多。

混淆是由于在紧密排列的原子之间存在一种相关的吸引力：范德瓦耳斯力。它通常与静电相互作用归为一类，尽管二者有着细微的不同。这些原子间微小的力确实在黏附过程中起了作用，但正如我们将在第2章中发现的那样，将这种力利用到极致的并不是人类。

这些方式本身都不能完全解释黏附力。对于任何给定的黏合产品，我们几乎都无从确定到底是哪一种（或几种）方式在起作用。正如黏合剂与密封胶生产商波士胶（Bostik）新西兰公司首席化学研究员莫妮克·帕斯勒（Monique Parsler）告诉我的："每一种黏合剂的工作原理都不同。"[1]还有其他因素在起作用，比如**黏聚力**，也就是液体与自身黏合的能力。你可以把它想象成一种内在的力，来自相似分子间形成的键。涂料或黏合剂要经久耐用，需要同时具备良好的**黏聚力**和**黏附力**，若其中任何一方不合格，产品也就不合格。涂料的黏聚力若不合格，看起来就像被剥去了颜色的薄膜，而黏附力若不合格，则会使涂层从物体表面上脱落。无论哪种情况，我们都得重新喷涂涂料。

能量

我们还要讨论另一件事——它可谓表面科学房间里的一头巨象，那就是**表面能**的概念。这是对固体材料表面过剩能量的度量。这种能量是由于外层原子与内部原子的键不平衡造成的。这是一个真实的、可测量的属性，它的

---

[1]　对于两种固体材料之间的相互作用，黏附模型的清单甚至更长，包括像磁力这一类的东西（这超出了本书的探讨范围）。

亲水性表面上的低接触角   疏水性表面上的高接触角

图4   水滴在一个表面上的接触角告诉你这个表面的一些情况，如果接触角较低（左图），表面则亲水或吸水。如果接触角高（右图），表面则疏水或排斥水

值可以让你了解一个材料表面对其他分子有多大的吸引力。观察表面能（有时也称为润湿性）的一种方法是，观察液体如何与该物体表面相互作用。你可能凭直觉就知道，一滴水在一块木板、一口不粘锅、一片蜡质的叶子和一块纸板上表现得非常不同。在其中一些表面上，水滴会立即散开，而在另一些表面上，水滴会聚集成球状。通过测量液滴边缘与表面形成的夹角（被称为接触角，用希腊字母 θ 表示），你可以计算出表面能的值。如果你使用的液体是水，这种测量也可以告诉你表面是疏水性的还是亲水性的。

这些定义建立在一个游移的尺度上，它们之间的界限是模糊的，但一般来说，水接触角在0°~90°的表面被认为是亲水性的。这些材料对液体分子有强烈的吸引力，这意味着它们的表面能很高——它们很容易湿润。如果你测量的接触角在90°~180°，你得到的则是低表面能材料。当水滴落在这些表面时，它在很大程度上被"忽视"了。该水滴倾向于保持其形状而不是散开，这意味着该表面是疏水性的（见图4）。我们很快会再次讨论这些问题。

使用涂料时，你希望这些液体能够扩散，因为从理论上讲，它会同时利用多种黏附方式。容易润湿的表面在喷涂时不必有太大压力，由此可见，了解表面的润湿性非常有用。额外的好处是这些测量也可以让你了解到表面的清洁度，因为污染的存在会改变接触角，使其变大或变小，这取决于污染的类型——这是当我们追求良好黏附力时需要考虑的另一个因素。表面能通常也与摩擦系数 μ 相关（我们在引言中已经提过这个概念）。虽说这并非绝对，但如果一种材料的表面能很低（如果它对液体来说很滑），它通常也是低摩擦的（对固体来说也很滑）。

关于表面能的讨论，最激烈的部分是它在黏合接合处的重要性——两个物体被一种液体黏合在一起。如果你看一下世界上主要黏合剂制造商的网站，用不了多久，你就能找到他们对表面能的描述。该属性通常以每厘米的达因数来衡量，用于将材料分组。金属有着非常高的表面能（例如，铜是1103 达因/厘米），所以它们很容易被弄湿，而像木材这样传统材料的数值也相对较高，范围在几十到几百达因/厘米之间。PVC 和尼龙这类工程塑料的数值较低，范围在 30～50 达因/厘米之间。在大多数网站上，附带的文字都会解释说，数值越低，材料就越难黏合。

当我访问莫妮克·帕斯勒在波士胶公司的实验室时，她向我展示了一个巨大的矩阵，那是用来帮助用户为各种表面选择合适黏合剂的。对她和她的同事来说，润湿至关重要。"当我在看一个新产品，或者一个有了新用途的旧产品时，我想获得尽可能小的接触角，以便表面完全湿润。如果表面不湿润，就不会有黏附力。道理就是这么简单。"

阿博特教授对此的看法完全不同。他认为，虽然黏附的原理在很久以前就被研究出来了，但对它的整体认识是不足的——哪怕是制造这些化合物的公司。"表面能对涂料来说无疑是有用的，但对于实际的黏合系统，也就是我们真正把东西粘在一起的应用场合，它基本上无关紧要，因为它比我们所需的强度小了几千倍。然而，人们对它很着迷。"

在他的油管（YouTube）主页上，阿博特上传了一系列主要针对业界的视频。其中一则短片演示了基于表面能黏附力的局限性。在这则短视频中，我们可以看到阿博特和另一个人用拔河的方式，试图把两片超级光滑、超级干净的橡胶板拉开。它们之间没有黏合剂，完全靠表面能连在一起。视频中的人拼尽了全力，但橡胶板还是纹丝不动，令人诧异。然而，一个年轻女孩（名叫安娜）轻而易举地就把它们分开了。"当它是一个纯粹的垂直拉力时，表面能产生的力是巨大的，但在现实世界中，你不能依赖这种力量，"阿博特解释说，"当安娜把橡胶板分开时，她实际上是在接合面创造了一个裂隙。表面能对这种力几乎没有抵抗力，所以黏附力立刻就会丧失。"

在阿博特看来，对可靠的黏附力来说，吸收和消解**开裂能量**的能力是最重要也是最容易被忽视的因素。"人们认为强度和弹性是相互对立的，于是他们在黏合剂中加入越来越多的交联来提高其强度。但在几乎所有的情况下，这会使黏合剂变得更糟，因为它无法移动和拉伸了。"在绝大多数情况下，一定程度的灵活性赋予了黏合剂弹性，这是一种应对各种压力和张力的手段。或者就像肯德尔曾说的："柔软的材料黏性最好。"如果没有这种吸收能量的能力，黏合剂很可能会失效——无论它在传统意义上有多"牢固"。

在我与阿博特的谈话即将结束时，我问他，为什么他认为表面能在黏合剂的世界里仍然被供在神坛。他叹了口气，说：

> 有时候，我认为这只是因为你可以测量它。这是一个实实在在的数字，这通常会让人们觉得一切尽在掌控之中，而且他们也明白发生了什么事。其中也有商业动机。一个从事表面处理工作的同事曾告诉我，他的客户只对他卖给他们的东西的达因值感兴趣，尽管他试图解释，黏合的学问远远不止表面能。

鉴于这些因素，如何判断我们是否拥有一款优秀的黏合剂。嗯，"优秀"是一个相对术语。水也许能把杯垫粘在杯子底部，但你不会想用它来支撑盘子。如果黏性胶带能够立即产生永久性的黏合力，那么包装生日礼物将成为一项高风险的活动。选择黏合剂时，我们主要是寻找一种能够抵抗在其使用寿命期间作用于它的力的材料。这些力到底是什么样子，将根据我们的具体需求而有所变化。重要的是，没有办法将黏合剂的行为与它所黏附的表面行为区分开来，因为正如阿博特常说的："黏附力是系统的一种属性。"这意味着在现实中，一切都是相互依赖的。这就是为什么没有简单、客观的黏性衡量标准，没有一个数字可以概括你需要了解一款产品的所有信息。对于商业黏合剂，我们最多只能设计测试，让产品在测试中表现出在现实世界中的使用情况。

市场上有很多黏合剂产品、大量的测量标准以及公认的检测设置，用于揭示它们的性能。因此，与其（徒劳地）试图介绍所有的产品，不如挑选出我认为大家都熟悉的两款产品进行介绍。

既然是在写一本名为 Sticky 的书，我真的不能不提 3M 公司的"报事贴"（Post-It®）便笺，尤其是因为当我打字的时候，周围贴满了它们，每一张上面都写满了对后面章节的构思。[①] 这些背面带有一个小小条形黏性区域的彩色纸片是办公的"利器"，最初由 3M 公司申请专利，并于 1980 年首次推向市场。鉴于报事贴现在已经是司空见惯之物，人们很容易忘记它们的开发投入了多少心血。这个故事是设计界的传奇，涉及两位科学家——斯宾塞·西尔弗（Spencer Silver）和亚瑟·弗里（Arthur Fry）。早在 20 世纪 60 年代末，西尔弗就一直在为航空航天行业研究超强黏合剂，但实验室里的一次错误使他意外有了一个新发现——后来他为此申请了专利——一种由悬浮在溶剂中的微小丙烯酸酯球体（每个球体的直径介于 5 ~ 150 微米之间）组成的、可喷涂的、轻度黏性的黏合剂。这些球体对压力敏感，但有弹性，正如西尔弗在

① 这里再多说几句：大多数公司都热衷于谈论其工作涉及的技术有多么高深。有些公司需要一点点劝诱，或者签署一份保密协议，或者二者都需要。但是，尽管我尽了最大努力（超过 18 个月里，我定期与新闻办公室联系，通过我能找到的每一个社交媒体渠道发送信息，甚至从与该公司有联系的朋友那里打听消息），我还是没能踏入 3M 公司一步。

专利申请中所写："直接对其中一个聚合物球体施加力会导致其变形。然而，在释放压力后，球体又会恢复原状。"接着，他讨论了这种材料如何应用于不同表面，将其描述为"一种微湿的黏合剂层，可以很容易地黏合纸张，但也允许纸张被移除、换个位置或重新黏合"。几年后，这种几乎没有黏性的黏合剂才找到商业用途。弗里是西尔弗的同事，也是其教堂唱诗班的热心成员，他对自己精心摆置的书签经常从圣歌书中掉出来感到沮丧。在寻找一种可以粘在书页上，但又能轻易取下的东西时，他想到了西尔弗的发明。于是两人开始合作，并逐步组建了一个团队。

他们早期必须解决的一个问题是，每次将原黏性便笺从表面移开时，它都会留下一些聚合物球体，并因此损失黏性。要想让便笺真正可以重复使用，他们需要找到一种方法来保持便笺纸上的黏合剂。他们的解决方案实际上是用胶水黏合胶水——一种黏合剂化合物，在黏合剂球体之前涂于便笺上，从而将球体固定在纸上。在他们的"丙烯酸酯微球表面材料"专利中，研究人员没有说他们具体使用了什么黏合剂，以及它的工作机制（提到了"真空效应"，但仅此而已）。他们将这些球体描述为"部分嵌入并从黏合剂中鼓出"。其结果是出现了一条嵌满微小球体的压敏胶膜，可以牢牢地粘在便笺上，但又能以非常小的黏附力将便笺固定在表面上。接下来，他们必须设计出能够大规模生产黏性便笺的机器。"这不仅仅是在纸上涂抹一点胶水那么简单。"《化学工程师》（*The Chemical Engineer*）杂志曾如是引用弗里的话。据了解，这套设备的早期原型是在弗里的地下室制作完成的，它使用滚筒涂抹黏合剂，然后再涂抹黏性球体。即使在解决了所有设计挑战之后，该团队仍然需要说服3M公司管理层，让他们相信这种便笺有商业价值——这就是另一个故事了。冠以"报事贴"的商标在全球推出后，弗里和西尔弗的发明立刻大受欢迎，并激励其他制造商创造了他们自己的版本。2019年，全球便笺纸的市场估价超过20亿美元。

　　我想着重介绍的另一个黏性超级明星是超级胶水。你可能会惊讶地发现，它并不是一个商标。①大多数黏合剂品牌都有销售一款名为"超级胶水"的产品，其实它们都基于一种叫作氰基丙烯酸酯的聚合物。这种物质以几乎能够黏附在任何表面上而闻名，尽管后来将其作为黏合剂的用途申请了专利的人一开始并没有把这视为一种积极因素。在第二次世界大战期间，伊士曼柯达公司的化学家哈里·库弗（Harry Coover）负责生产供军队使用的透明瞄准器。在实验不同的聚合物时，他的团队发现了一种特别黏的配方，它可以黏住并永久地破坏它接触的一切。是的，很有趣，但由于这不是他们所需要的，所以库弗就将其搁置了。直到6年后，在研究用于喷气式飞机的黏合剂时，他才重新审视了氰基丙烯酸酯。1956年，他获得了这种物质的专利。②

　　在瓶子或管子里，氰基丙烯酸酯黏合剂是液体，流动和表现也是如此。但是，任何曾经不小心把手指粘在一起的人都会告诉你，一旦离开了容器，它们很快就会变成固体。与普遍的看法相反，启动这种固化反应的不是空气中的氧气，而是水蒸气。一旦超级胶水接触到水，水分子就会与氰基丙烯酸酯结合，形成相互连接的长链，从而变硬。在我们这个灿烂而潮湿的星球上，大多数表面都被一层超薄的水永久覆盖着，这使氰基丙烯酸酯成为一个非常有用、非常通用的黏合剂选择。这也意味着通过呼吸产生自己水层的皮肤，特别容易受到其快速形成的键的影响。这一认识后来使氰基丙烯酸酯化合物有了取代传统的缝合伤口用途，这方面产品常见的有皮肤黏合剂（Dermabond）和舒易涂（SurgiSeal）。作为一个小时候没有危险辨别能力和自我保护意识的人，我可以证明它们的有效性。

　　黏附性无疑是复杂的，但人类对它的理解使我们从中获得了一些深刻

① 据我所知，最近持有"超级胶水"（Super Glue）商标的公司是汉高（Henkel），但它在 2010 年放弃了。还有一个单独的"原始超级胶水"（The Original Super Glue）商标，由领跑人技术（Pacer Technology）旗下的超级胶水公司（Super Glue Corporation）持有。
② 专利号 US2768109，授予哈里·韦斯利·库弗，1956 年。酒精催化的 α－氰基丙烯酸酯黏合剂组合物。自库弗获得专利以来，该产品有过很多名字，最初被称为"Eastman #910"，很快被重新命名为"超级胶水"。乐泰从柯达手中买下这项技术之后，他们称其为"乐泰快固 404"，之后又更名为"超级胶水"。

的、技术上极为复杂的发现，从保存千年的绘画杰作，到满足各种可能需求的胶水。但一个也许不太明显的事实是，将物体粘在表面的机制也可以用来阻止它们被粘住，而且不出意外，大自然首先做到了这一点。

滑动

我凝视着漂浮在气候控制室水池中餐盘大小的绿叶。光线照在叶子中央像珠宝一样的水滴上，但除此之外，它们保持着原始的状态。我和同事安德烈斯正在参观位于绿树成荫的伦敦西部邱园的实验室，想进一步了解此刻我们面前的这种半水生植物Nelumbo nucifera。它更为人所知的名字是印度莲花（或者简称莲），是一种连像我这样缺乏植物学知识的人也听说过的植物。莲花在印度教教徒和佛教徒眼中是非常神圣的，通常与纯洁联系在一起，这要归功于它出淤泥而不染的特质。

莲花永远干净的秘密就在它的表面。20世纪90年代初，德国植物学家威尔海姆·巴斯洛特（Wilhelm Barthlott）教授首次对此进行了科学描述。多年来，巴斯洛特及其同事一直在使用一种叫作扫描电子显微镜（SEM）的成像技术来研究仙人掌、兰花和其他亚热带植物。扫描电子显微镜的分辨率明显高于标准光学显微镜，植物学家通过它发现了许多以前不为人知的结构——植物叶片上的凸起、茸毛和褶皱。植物学家开始怀疑这些结构与他们在一些物种身上观察到的憎水行为之间是否存在联系。通过将扫描电子显微镜成像与接触角分析相结合，并观察340种不同植物的叶片，现在巴斯洛特最终可以回答这个问题了。他发现大多数可湿润的叶片（那些接触角低的叶片）在显微镜下是光滑的，但即使用水冲洗后，它们也往往是脏的。相比之下，疏水性的叶片被蜡质晶体覆盖，使它们在显微镜下看起来很粗糙。另外，它们通常也是纤尘不染的。

最令人赞叹的是那些结合了蜡涂层和各种微结构的叶片。它们的接触角之大，使人误以为它们是超疏水的，但后来人们发现莲叶是所有植物叶片中超疏水之最（θ=162°）。它独特的层次结构——密集排列、大小不一的圆形特征，全都覆盖着一层粗糙而坚固的蜡质晶体——为任何可能想要粘在它上面的物质提供了一个重要屏障（见图5）。水滴无法穿透这片密集的微结构森林。它们最多只能以接近球形水滴的形式停留在顶部，几乎不与叶子真正接触。轻微的摇晃或者些许的倾斜就足以让它滚动起来，而叶子上可能存在的任何灰尘都会被水滴带走。巴斯洛特将这种不黏附、自洁的能力称为“莲

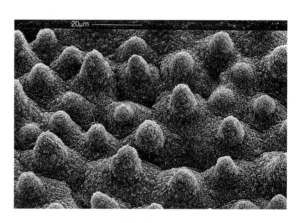

图5　这张图展示了覆盖在莲叶表面的微小隆起构成的复杂图案，图片顶部的比例尺标记为20微米

花效应”，后来还将这一术语注册成了商标。

从那时起，已经有超过9500篇关于莲花效应的论文被发表。我自己对这一领域的贡献非常小，而且是在我科学生涯的开始阶段。当时，我的任务是研究硅片这种工程表面的润湿特性。硅片经过精心蚀刻，产生了一系列不同的微纳米级图案，然后涂上一层聚合物。实际上，我们从莲叶那里获得了灵感，并想看看我们是否能够利用表面纹理让本来就疏水的表面变得更加疏水。因此，我们在邱园近距离地看到那些纯净的叶子时，可谓大开眼界。它提醒我们，无论我们想要实现什么样的改进，大自然都已经搞定。最后，尽

管我们对工程表面的一些结果还不太确定，但我们发现确实可以通过改变材料表面的大小和形状来控制某种材料的防水性能。在最极端的例子中，我们看到两个化学性质相同样本的接触角分别为86°和154°。它们之间的唯一区别在于其表面蚀刻的微小图案。

莲花效应、表面纹理、疏水性及减少沾染污物之间的相互依存关系，促进了自洁玻璃、防污织物和抗真菌涂料等技术的发展。最近一个引起我注意的项目是2020年的TresClean。该项目由欧盟资助，专注于生产用于食品行业和家用电器的超滑抗菌金属和塑料表面。"我们正在研究已知的可以形成生物膜的真正成分。"意大利帕尔马大学阿德里安·卢蒂（Adrian Lutey）博士在电话中告诉我。这些生物膜——细菌和真菌等黏糊糊的微生物层，在潮湿环境下可以在物体表面堆积——在自然界和工业生产中都非常普遍。它们是造成口臭和牙菌斑的原因。它们还会拖慢洗衣机的运转速度，或者堵塞水处理厂的管道。生物膜通常从单个微生物附着在表面开始，因此从理论上讲，如果你能阻止这种事发生，你就能阻止这些膜的形成。TresClean团队研究了两种可能对人类健康构成风险的细菌：大肠杆菌和金黄色葡萄球菌。二者的几何形状和表面化学性质非常不同。大肠杆菌细胞呈杆状，长达3微米，被一层薄薄的流体膜所包围。金黄色葡萄球菌细胞是球形的，直径小于1微米，无外膜。

然后他们观察了这些悬浮在液体中的细菌如何与一系列不同的表面相互作用：有些未经处理，有些被打磨得如镜子般光滑，还有一些覆盖着通过激光照射产生的纹理。"激光是高度专业化的，"卢蒂解释说，"它产生的超短脉冲持续时间不到万亿分之一秒，可以在金属表面引发一些非常有趣的变化。"激光可以生成包括尖刺、支柱和平行脊在内的微观特征。经过证明，正是最终的脊状纹理——正式的名称是"激光诱导周期性表面结构"（LIPSS）——在阻止细菌黏附方面最有效。通过比较未经处理的不锈钢表面和那些带有LIPSS图案的不锈钢表面，卢蒂和他的同事发现，大肠杆菌含量下降了99.8%，金黄色葡萄球菌含量下降了84.7%。我们"相当确定，LIPSS在抗大肠杆菌方面表现良好，这是因为其表面结构的尺寸。它们的体积比细菌小得多，所以可用的接触面积减少了。这就像细菌细胞坐在一张钉床上一样"。也许令人惊讶的是，表面的润湿性对大肠杆菌几乎没有影响——在疏水性表面和亲水性表面黏附的细菌数量一样少。不过，卢蒂说他们对金黄色葡萄球菌的研究结果就没有那么明确了。"对于为什么会观测到这些减少，我们还没有一个令人信服的解释，不过鉴于金黄色葡萄球菌也不喜欢我们的超疏水尖刺，我们预测表面润湿性和表面形态都发挥了作用。"即使仍有一些待解决的疑问，但这些结果看起来很有希望。当然，很难预测未来的发展会是怎样的。卢蒂希望TresClean的工业合作伙伴（包括欧洲最大的家用电器制造商——博西家电）能把这项技术应用到他们的生产线上。谁知道呢，说不定会出现一种能保持自身清洁的洗碗机。

不过很可能你的厨房里已经存在一个非常有趣的溜滑表面，其中最有名的大概是聚四氟乙烯（PTFE），这本身是一个商标，而它更广为人知的名称是特氟龙（Teflon）。像超级胶水一样，特氟龙是一个意外的发现，最初是化学家在试验新制冷剂时的一个气罐内部发现的。与传说不同的是，这种蜡状白色固体并不是阿波罗太空计划的副产品。事实上，它的耐腐蚀性使它在20世纪40年代的曼哈顿计划中得到了应用。没错，特氟龙对第一颗原子弹的研制起到了推动作用。又过了10年，这种材料才被应用于炊具，尽管那时它的具体配方已经发生了变化。[①]特氟龙的滑性完全来自其聚合物化学性质，而不是什么像莲花一样的纳米突起或者精心制造的脊状纹理。它的长分子链由碳骨架和围绕它的氟原子组成，它们之间的键被描述为"有机化学中最强

---

① 　20世纪90年代，美国环境保护局下令对特氟龙的两种原始成分（全氟辛烷磺酸和全氟辛烷酸）的潜在健康风险展开研究。自2014年以来，这些成分被定性为"新出现的污染物"，从而禁止了对它们的使用。

的键"。这也导致了特氟龙分子之间高度的黏聚力。在实际应用中，这使得特氟龙对其他分子完全没有吸引力。或者就像史蒂文·阿博特所说的那样，它的"碳氟团不喜欢宇宙中所有非碳氟化合物"。涂在特氟龙表面的化合物没有机会与它发生反应，不能穿透它的结构或者与它的聚合物链交融。实际上，它们忽略了表面，这就是它不黏的原因。毫不意外的是，它的表面能也特别低（根据3M公司的说法是18达因/厘米），而且特氟龙对特氟龙的摩擦系数 μ 只有0.04。

那么，你可能想知道，这种超级不黏的材料是如何粘在其他表面上的，比如构成你煎锅主体的铝。多年来已经有几种方法获得了专利，但据我所知，它们主要分为两类：一种是基于机械黏附的方法，首先对铝进行喷砂或者酸浴处理，使其表面粗糙化，然后在上面喷涂一层薄薄的特氟龙基底。它不会与表面发生反应，而是被困在第一步产生的小孔和裂缝中。一旦在高温下烘烤，特氟龙就会凝固。继续添加并烘烤几层特氟龙——由于它们可以相互形成化学键，所以它们会形成一个坚固的涂层。第二种使特氟龙粘在其他材料上的方法是对特氟龙本身进行化学处理。你可以通过用带电粒子轰击它，打掉它的一些氟原子，或者用一种化合物来破坏一些碳氟键，并用别的东西取代氟。无论哪种方式，你都会留下暴露的碳原子，而它们急于与某些东西结合。将经过处理的特氟龙压入铝表面或者任何数量的基底材料，这些碳原子就会被牢牢粘住。这样一来，再烘烤一下带有涂层的金属就完工了。在大多数炊具上，特氟龙涂层的厚度为20～40微米，比一张复印纸还薄。由此可见，一个平平无奇的煎锅里蕴含着众多表面科学知识。

特氟龙已经在很多领域找到了它的用武之地，从牙科和雨具到太阳能电池板和空气过滤器，这都要归功于它阻止物质粘连的能力。近年来，市场上出现了摩擦力更低的材料。BAM，一种由硼、铝、镁和二硼化钛制成的复合材料，其摩擦系数不到特氟龙的一半——就像一些类金刚石碳膜一样。不过，就其成本和多功能性而言，似乎没有一种材料能在短时间内抢走特氟龙"顺滑之冠"的头衔。

自古以来，我们对物体表面的认识一直处于不断精进的过程中，从利用地球上的黏土来留下自己的标记，到认识到一片有自洁能力的叶片的完美。利用这些知识，我们可以制作能够控制摩擦和操纵表面与流体之间复杂互动作用的材料。我们可以通过巧妙的设计和化学来创造、构建、连接、增强和美化物体。在我看来，表面科学无疑塑造了我们的世界。

第2章

壁虎的抓持力

2014年，在柬埔寨一家酒店的阳台上，我第一次见到壁虎。在闷热的天气中忙碌了一天后，我从一个小摊上买了些食物和冰镇啤酒。回到房间后，我一边俯瞰暹粒的繁华街道，一边享用美食。很快，我意识到自己不是孤身一人——一只大约25厘米长、身上带有橙色斑点的浅灰色蜥蜴一动不动地贴在我身后的粗糙墙面上。在谷歌上疯狂搜索了一番后，我确定它是一只大壁虎（*Gekko gecko*），对人类无害。于是我放心地坐了下来，享受着它的陪伴。在一个小时里，我的这位"阳台伙伴"以惊人的速度在墙壁上爬来爬去，或者横穿瓷砖地板。有一次，为了捉一只巨大的蜘蛛，它在露台的玻璃表面上窜来窜去。当我上床睡觉时，它在粉刷过的天花板上安顿了下来。

我知道壁虎是出了名的攀爬高手，但那天晚上让我惊叹的是这种壁虎的适应能力。不管是光滑的还是粗糙的，抑或是粉刷过的或"天然的"，任何表面对它来说似乎都不具备挑战性，而人类就连在结冰的街道上行走都很困难（你会在第7章中找到原因）。如果没有专门设备，人类也无法攀登陡坡。几千年来，壁虎几乎能附着在任何表面的能力一直吸引着哲学家和科学家，自19世纪以来，对这种能力的研究经常出现在科学期刊上。壁虎的神秘感以及它的天才能力很大一部分源自这样一个事实：它的脚并不像你以为的是黏糊糊的。它们摸起来是干的，而且与上一章的黏合剂不同，它们不会留下任何胶状的残留物。壁虎能黏却不黏。直到最近几十年，科学家才终于搞清楚它们是如何做到的。在这条漫长的发现之路上，很多想法都被抛弃了。然而，尽管其中几个已经被推翻，但似乎还在流传。因此，让我们一起来揭示真相吧。

各种观点

如果你看一下壁虎的脚底，你首先会注意到的一件事是，它的脚趾上覆盖着平坦的、层叠的、鳞状的脊。它们被称为**皮褶**，至少一个世纪以来，它们被认为是壁虎黏附的主要手段。动物学家约翰·瓦格勒（Johann Wagler）在 1830 年出版的一本书中指出，皮褶起到了吸盘的作用。这个观点在当时得到了广泛支持，而且你可以理解为什么。人们当时已经了解到，有几种海洋生物利用吸盘附着在岩石的表面，而人类至少从公元前 3000 年就开始使用吸管喝饮料了。大家都很了解抽吸的力量，于是就有了我们今天所知的与实用橡胶吸盘相关的多项专利。[①]

像壁虎的脚一样，基于吸力的设备可以在不使用黏性物质的情况下黏附。在理想条件下，它们还可以支撑相当大的重量。问问"摩天大厦人"丹·古德温（Dan Goodwin）就知道了，他从 1981 年起开始使用吸盘攀登高楼。当你把吸盘按在物体表面时，一小股空气会从侧面排出，然后柔软的橡胶材料形成密封的空间。这在橡胶器皿内部形成了一个低气压区——部分真空，而外部有正常的大气压力。外部空气分子的重量对器皿表面施加了一个力，但由于内部空气分子少得多，所以它们的反作用力要小得多。最终结果是，橡胶器皿被牢牢地固定在物体表面，只要密封圈保持紧闭，它就会一直待在那里。皮褶也以同样的方式起作用吗？

在这个观点首次发表一个世纪后，科学家沃尔夫-迪特里希·德利特（Wolf-Dietrich Dellit）开始对其进行验证。他的假设是，如果壁虎的脚真的是通过吸力附着在物体表面，那么它们应该就像标准吸盘一样，在较低气

---

① 1868 年，发明家奥威尔·尼德姆（Orwell H. Needham）为其中一个申请了专利。它有一个风趣的名字，叫"气氛把手"。随便打开一个浏览器，搜索专利号 US82629，你就可以全方位地欣赏这个把手。

压下效果较差。在纳粹时代的德国，部分科学家对动物福利的考虑十分欠缺，比如德利特将活的大壁虎放入一个真空室，然后慢慢地抽出空气。与吸盘不同的是，壁虎的脚一直粘在室壁上，直至它死去，即使气压已经低到几乎难以察觉的真空级别。这是一个令人信服的实验结果（尽管是悲剧性的）。2000年，凯勒·奥特姆（Kellar Autumn）教授研究壁虎的黏附力已经有数年，他领导的小组成功地量化了壁虎的脚和光滑表面之间黏附力的强度，这一吸力假说受到了短暂的重新审视。结果显示，它比吸力所能达到的强度要高很多倍，因此，这一特定想法被永远地拒之门外。

另一个流行理论出现在20世纪上半叶，是随着光学显微镜设计的改进而产生的。研究人员意识到，壁虎脚趾上的皮褶并不光滑，而是覆盖着细小、密集的毛——他们称之为"**刚毛**"。由于这些刚毛看起来都是略微弯曲的，并且以相同的角度排列，所以人们想知道它们是否像小钩子一样发挥作用，让壁虎能够抓住不规则的表面。这种"登山者的靴子"假设（刚毛就像攀岩鞋底钉的微观版本），现在被称为"微互锁"，并且事实再次证明，它相当受欢迎。有人还提出了与此相关的想法，涉及静摩擦。所有刚毛都极大地增加了皮褶和表面之间的接触面积，所以这说不定会增大摩擦，帮助壁虎攀附物体表面。

事实证明，这两种观点的验证相对容易。如果刚毛真的是微型钩子，你就该期望壁虎会牢靠地附着在粗糙的表面，而不是光滑的表面。几个研究小组的实验表明，在光滑到其最大的"不平之处"只有几个原子大小的表面，壁虎仍然可以攀附，而且在大多数情况下，它们对光滑表面的黏附力比对粗糙表面的**更强**。这样微型钩子的说法就被淘汰出局了。如果静摩擦是起因，那么一只试图穿越天花板的壁虎基本上会立即掉下来。但在野外的观察表明，壁虎有很多时间是倒挂着的，而且凯勒·奥特姆曾在波特兰跟我通电话说："大壁虎的抓力非常强，在它的四只脚都接触到天花板的情况下，它可以支撑

30多千克的重量。"在实验室里，人们也观察到壁虎在传统的"低摩擦"表面上行走，比如硅。这样一来，摩擦的说法也被淘汰出局了（目前）。

但如果壁虎惊人的攀爬能力不是靠吸力、摩擦或者"微互锁"，我们还有什么选项呢？

电荷

前面提到的德利特还有另一种观点——壁虎可能利用静电引力黏附。当你将两种不同材料相互接触时，奇怪的事情就发生了：两种材料的表面都带电，一个是正电，一个是负电，这是因为电子会从一个表面大规模地移动到另一个表面。结果是，这些材料变得相互吸引。这与你将气球在头发上用力摩擦后可以粘在墙上的机制完全相同，也是羊毛衫和聚酯纤维衬衫之间产生可怕的噼里啪啦静电的原因。德利特推断，如果他能消除这种电荷的积累，他就能检验壁虎是否真的通过静电黏附。因此，他用X射线剥离了一个密室内空气分子中的电荷，以抵消静电效应，而这无疑超过了里面活壁虎的X射线安全剂量，从而增加了他的恶名。尽管遭受了这种重创，壁虎还是紧抓不放，这让德利特得出结论：静电并不是壁虎成为超级攀登者的原因。

但是这个假说从未完全消失。2014年，滑铁卢大学的研究人员开展了一系列实验，以检验这些电荷对壁虎的黏附起到了什么作用（如果有的话）。该研究小组找来5只大壁虎样本，将它们的脚放在涂有两种聚合物之一的超光滑垂直表面上。当壁虎脚垫与每种材料接触时，都可以观测到电荷的积累——脚垫上有正电荷，而聚合物上有负电荷。他们还测量了在每种材料上拖动脚所需的力。表面电荷的密度越高，壁虎的脚似乎粘得越紧，于是研究人员得出结论："静电相互作用……决定了壁虎黏附力的强度。"

"这个实验很有趣，但我就是无法接受他们的观点，"当我问及这篇论文的意义时，奥特姆说，"一旦你开始使用整只动物做实验，而不是单独的刚毛，你就很难将彼此的影响区分开来，这就使准确解释发生了什么变得很棘手。"[①]虽然奥特姆不认同研究小组的结论，即静电力主导了壁虎的抓持力，但他承认，当面对特别光滑的表面时，静电力可能是壁虎需要借助的额外力量。对于这一点，包括维拉诺瓦大学助理教授阿莉莎·斯塔克（Alyssa Stark）在内的其他壁虎专家都表示赞同。"似乎有很多因素在同时发挥作用，"她说，"尽管大多数团队都认同壁虎利用的主导性力量，但从我们的研究来看，我不能说它是唯一起作用的力量。静电完全有可能也发挥了作用。"

壁虎黏附力问题的复杂性部分源于这样一个事实：并非所有壁虎都一样，至少在黏附能力方面有高有低。虽然我们认为它们是热带动物，但壁虎科的1000多个成员已经证明它们拥有令人难以置信的适应能力，能够占据各种各样的栖息地。例如，其中最著名的黑眼壁虎（*Mokopirirakau kahutarae*）生活在新西兰南岛的高山上，而带斑壁虎（*Coleonyx variegatus*）出没于美国一些干旱的沙漠中。因此，每一种壁虎都是独一无二的。为了生存，它们被迫适应了周围的环境。斯塔克告诉我，这种多样性使我们很难为壁虎写出放之四海而皆准的规则。"许多种类有爪子，但有些没有。有些种类只有3个能用的脚趾，而通常情况下是5个。然后是脚趾大小和形状的巨大差异——差异的清单可能相当长。"

但在这些差异中，似乎有一种机制是大多数壁虎都遵循的，就是紧抓不放。是的，我们终于讲到"是什么让壁虎能够紧紧黏附"这一问题了。

---

① 奥特姆的大部分实验都是用从壁虎脚上拔下的小刚毛做的。他向我保证，这不会给壁虎造成痛苦……或者至少不会比拔掉一根乱长的眉毛更痛苦。而且壁虎的刚毛会在几天内重新长出来。

脚趾

　　第一条线索出现在1965年，当时扫描电子显微镜———一种现在无处不在的成像技术，第一次出现在大学的研究实验室里。在人类历史的大部分时间里，我们只能测量我们能用眼睛看到的东西，所以任何小于40微米的东西都是看不见的。光学显微镜凭借光和一系列透镜，可以让我们看到小至200纳米的物体。这个极限（被称为衍射极限）由光本身的性质决定。就像你无法精确测量比尺子刻度还小的东西一样，这些显微镜也不能分辨小于紫光波长一半的物体。然而，电子的波长只是这个波长的千分之一，而且由于它们带电，所以它们可以被收集到一个聚焦的束中。为了利用电子拍摄图像，我们将电子束扫描安装在真空室内的物体上方。电子与物体相互作用，产生的信号被一系列探测器捕获。随着电子束来回移动，它便会创建一个关于某个物体的极其细致的图像。[1]

　　就像第一台光学显微镜一样，扫描电子显微镜向包括加州大学鲁道夫·鲁伊瓦尔（Rodolfo Ruibal）和瓦莱丽·恩斯特（Valerie Ernst）在内的科学家展示了一个前所未见的世界。长期以来，他们一直对蜥蜴的脚着迷，并怀疑这些形似毛发的微小刚毛可能是人们了解其攀爬能力的关键。因此，他们将取自大壁虎脚趾的微小皮肤样本放在扫描电子显微镜下，看看能发现些什么。他们首先测量了刚毛，发现其长度在30～130微米之间，和花粉粒大小差不多。我们后来发现，蜥蜴每只脚上大约有100万根刚毛。而扫描电子显微镜赋予我们的更强观察力揭示了其他的东西——每一根刚毛的末端都有严重的分叉情况，形成数百根更小的毛，鲁伊瓦尔和恩斯特称之为"**铲状匙**

---

① 电子显微镜是在1931年发明的。那时它还相当不实用，只能达到50纳米的分辨率。到1965年，许多商用系统已经能够达到1纳米的分辨率。

突"。这些分叉末端小得不可思议，正好位于光学显微镜的衍射极限。随着它们的发现，我们对壁虎脚的全貌也有了解：它是一个复杂的层级结构，有不同大小的特征。最大的是皮褶，也就是覆盖每个脚趾的鳞片状皮瓣。每片皮褶上都有一片浓密的刚毛——略微弯曲的微小细毛，而且每根刚毛的顶端都长着数量众多的扁平铲状匙突（见图6）。

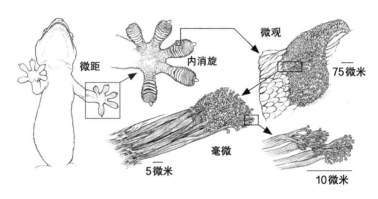

图6 壁虎的脚上覆盖着一系列大小不一的复杂结构，它们共同为这种动物提供了攀登任何固体物体表面所需的所有工具

就在一年前，动物学家保罗·麦德森（Paul Maderson）证实了刚毛（包括铲状匙突）是由 β–角蛋白构成的。这种蛋白是 α–角蛋白的更坚硬形式，构成了哺乳动物的指甲和毛发。它并不是黏合剂的理想选择，因为它极其滑溜和坚硬。因此，麦德森得出结论：壁虎神秘的黏附机制不可能归因于材料化学。他认为，答案肯定是一种物理机制：一种由位于鳞片状皮瓣上刚毛之上的那些细毛所创造的巨大表面积决定的机制。这让鲁伊瓦尔和恩斯特重新想到"摩擦一类的因素可能是原因"这一观点，而在过去30年里，情况大抵如此。

时间快进到20世纪90年代末。凯勒·奥特姆当时是一名博士后，效力于美国海军的一个研究项目。他和他的同事们正试图开发能够在岩石表面移动的高度灵活的有腿机器人。一开始，他们将蟑螂作为参照对象。"不过我们很快就意识到，问题出在攀爬上，"他说，"于是我们开始寻找其他可供参照的动物，壁虎引起了我们的注意。"虽然奥特姆在读博士期间曾研究过壁虎的夜间行为，但他坦言，那时他对它们的脚并不了解。"但在埋头研究了几天文献后，我意识到，尽管我们对壁虎的解剖结构有很好的了解，但没有人真正知道它们是如何攀爬的。"这一认识使他走上了一条新的研究道路，直到现在。

陈伟鹏的技巧和耐心为这一研究带来了第一个重大突破，他当时在伯克利，是显微镜方面的专家。他成功从一只大壁虎的脚上取下一根刚毛——仅千分之四毫米宽，并小心翼翼地将其固定在一根大头针上。用这种方式分离刚毛，陈伟鹏、奥特姆和他们的同事可以测量将它从表面拉起所需的力，以及确定一根刚毛的黏附性如何。由此，他们可以估算出一只壁虎的抓持力。他们测到的最大黏附力比任何模型预测的要高10倍。但更有趣的是，他们发现壁虎的脚在默认情况下是不黏的。这些不同寻常的壁虎只有在需要时才会启用它们的黏性，而且它们是通过仔细放置自己的脚趾来实现这一点的。

将你的手掌向下，放在你面前的桌子上。现在慢慢地抬起它，然后观察你的手指会发生什么变化。如果你和我一样，它们会下垂，或者向手掌方向略微弯曲。但正如我在惠灵顿动物园拜访爬行动物专家时所看到的，爬行中壁虎的行为与此全然不同。每次当它们想迈出一步时，它们首先将脚趾尖向后剥离，把脚趾向上卷起离开表面，然后抬起脚完成分离。而每次踏下脚步时，它们则会以相反的程序完成这一过程——首先将脚底板放下来，然后小心翼翼地展开脚趾。伯克利的研究团队意识到，这种卷曲与舒展的动作是控制脚黏性的关键，因为它改变了刚毛和表面之间的角度。"在我们的实验中，将刚毛直接与传感器接触没有任何作用——它完全没有黏性，"奥特姆说，"但是当我们小心翼翼地把它拖下来，使其与传感器保持平行时，我们开始测到巨大的力量。事实上，我们滑得越快，它就越黏！"这是研究人员没想到的。通常情况下，物体只要开始滑动，它就会滑得更快。但壁虎的情况恰恰相反。

它的工作原理是这样的：壁虎脚趾上轻微弯曲的刚毛通常向内弯曲，指向其身体。但是当它们展开脚趾，以便把脚放在垂直表面时，刚毛便会指向相反方向，也就是向前，指向它的爪子。脚向下的轻微滑动（技术上称为剪切力）导致刚毛向外伸展，调动起其尖端纳米级铲状匙突，从而大大增加脚的表面积（在这种结构下，壁虎的脚是黏性的）。当壁虎攀爬时，它的体重也会有影响。在重力牵引下，它脚趾上的刚毛与墙壁的接触更加紧密，这进一步增加了黏性。

换句话说，壁虎实际上需要一点点滑动才能达到完全的黏性。而当它这样做时，结果是惊人的。大多数大壁虎的体重在200～400克之间。但从理论上讲，如果它所有的脚和刚毛都充分地参与进来，一只壁虎可以支撑133千克的重量。壁虎黏附的方向性也意味着它们用前肢拉动得更加用力，这使得它们的前肢比后肢略大。这与人类攀登者形成了对比，后者的大部分力量来自用腿向上推。

对壁虎来说，从"黏"到"不黏"没什么大不了的——只要改变一下刚毛角度便是了，它向前推一下脚并卷起脚趾就能实现这一点。一旦这些微小的刚毛与表面夹角呈30°，它们就会顺利分离，还脚以自由。正是在这里，壁虎展示了它真正的超能力。黏附的能力是一回事，但壁虎可以终其一生在各种表面上一次又一次地黏附和松开。与一条黏性胶带相比——哪怕你设法将它从表面剥离，你也很难重复使用它超过几次。壁虎让脚松脱的速度也很惊人——大壁虎只需15毫秒就能做到，而人类眨一次眼睛至少需要6倍的时间。[①]这种能力让小小的锯尾蜥虎（*Hemidactylus garnotii*）能以77厘米/

---

① 根据哈佛大学的研究，人眨一次眼需要 0.1～0.4 秒。

秒的速度爬墙，如果我们将其放大到人类的高度，很有可能看到壁虎在尤塞恩·博尔特（Usain Bolt）身后紧追不舍的画面。

这一切的结果是，壁虎的脚成为世界上最敏捷的开关黏合剂。但我故意忽略了一个非常重要的细节——数十亿根细小的刚毛能够使某个事物变黏的实际机制。为此，我们需要放大比刚毛还小的细节，看看铲状匙突本身。

偶极

事实证明，这些纳米级的刚毛能够与表面进行如此亲密的接触，是因为它们利用了一种作用于原子之间的极其微小的力。范德瓦耳斯力以其发现者荷兰科学家约翰内斯·迪德里克·范德瓦耳斯（Johannes Diderik van der Waals）的名字命名，它们并不是反应分子之间形成化学键时产生的力。相反，它们是在已经"平衡"分子之间形成的。要想了解它们的来历，请回想一下你在学校科学课上看到的原子图。

你现在可能想到的是带负电的电子，在中心（带正电的）原子核周围精心排列成同心层。但实际情况并非如此。电子在不停地移动，飞快地旋转，如果我们能看到，它们的样子更像是一团模糊的云，而不是一堆固体粒子。一般来说，这种云是对称的，这意味着该原子不带电荷。但在任意给定的时刻，原子一侧的电子很可能略多于另一侧。这导致了暂时但真实存在的电荷不平衡现象，被称为"瞬时偶极"，即原子一侧带负电，而另一侧带正电。①

①　有些分子，如水，是所谓的永久偶极子（或者叫极性分子）。水的原子排列成金字塔形，一个氧在顶部，两个氢在底部。氧的一端紧紧控制住电子，使它的负电荷永远多于氢的一端。水分子之间因此可以形成牢固的键，这就是为什么水即使在相对较高的温度下也能保持液态。

只有当另一个原子与偶极子紧密接触时，这种现象才真正有意义。当这种情况发生时，新原子中的电子将重新排列，因此它也会暂时极化，其略带正电的一侧被原始原子略带负电的一侧吸引。这又会吸引更多的原子，产生更多的临时偶极子，如此循环往复，形成了一个惊人的稳定系统。原子（或者分子）之间通过这些电子位置的奇怪波动而产生的相互作用力就是我们所说的范德瓦耳斯力。

这些力与一般静电相互作用的一个主要区别是规模。这些范德瓦耳斯力比传统分子键中的那些力要弱得多，在传统分子键中，电子被不同的原子共享、捐赠或接纳。另外，它们能在大约10纳米的微小距离上运作。一旦原子之间超过这个距离，范德瓦耳斯力便不复存在。值得庆幸的是，我们的朋友壁虎拥有弥补这一差距所需的所有层级硬件。它脚上大而柔韧的皮褶帮助它贴近表面，浓密的刚毛提供了更大的表面积，进一步增加了接触，而纳米级的铲状匙突离表面是如此近，足以吸引单个原子中的电子。因此，壁虎的抓持力完全靠电流。

所有壁虎，无论是野生的还是圈养的，都会根据自己的活动有规律地改变脚的方向。如果一只壁虎正在墙上爬，它的四只脚都指向大致相同的方向——向前，脚趾稍微偏离身体（想想"爵士手"）。但如果壁虎掉头向下爬，它就会转动后脚，让那些脚趾向后指向尾巴。现在我们知道壁虎通过范德瓦耳斯力黏附，而这些力是由刚毛和铲状匙突的方向控制的，所以改变它们脚的位置很有意义。壁虎的黏附力完全是方向性的，所以只有当有相对的力相互作用时才会起效。正如我们所发现的那样，重力对壁虎在墙上攀爬是有帮助的——它把刚毛往下拉，通过调用范德瓦耳斯力来开启黏性。但是对下墙的壁虎来说，重力试图扭转刚毛的方向，这就有切换到非黏性模式的风险。通过转动后脚，壁虎可以再次利用重力"有利的一面"——两只脚上完全啮合的刚毛足以支撑它的重量。对于穿越天花板的壁虎来说，它的脚也是平衡力量的关键。壁虎调节腿的姿态，使四只脚以身体为中心向外伸展。这让重力均匀地拉扯着每只脚，让尽可能多的刚毛参与进来。在那样一个摇摇欲坠的处境下，这是一个有用的支撑！

在2002年的研究中，凯勒·奥特姆和他的合作者计算出单根刚毛和表面之间的范德瓦耳斯力约为0.04毫牛。[①]不管怎么说，这都是一个非常小的力。但当你想起一只大壁虎有大约400万根刚毛可供利用时，你很快就会意识到，它的黏附力远远超过了壁虎支撑自身的实际需求。人们常说，壁虎只需不到1%的刚毛就能支撑自身的重量。但正如阿莉莎·斯塔克告诉我的，这并不一定意味着它们被过度设计了。"你必须记住，这些研究都是在受控实验室中精心准备的洁净表面进行的，"她说，"当我在塔希提岛研究壁虎时，我们看到它们在布满青苔的树木、粗糙的岩石和肮脏潮湿的树叶上爬行。缺少脚趾，或者脚趾失去功能，对野生壁虎来说早已司空见惯，所以它们不太可能同时使用所有的刚毛。"因此，与其说是设计过度，不如说是恰好拥有应对多变、复杂环境的能力。

水

这把我引向了另一条道路。鉴于范德瓦耳斯力依赖于表面之间的密切接触，那么在潮湿环境中，比如斯塔克教授提到的塔希提雨林，又会发生什么呢？水的存在是否会改变壁虎的抓地能力？或者像我用专业的口吻问她的那

---

① 　牛顿（简称牛，符号 N）是力的单位。根据定义，1 牛顿是将 $1m/s^2$ 的加速度赋予 1 千克质量物体所需的力。重量可以衡量物体受到的地球引力，单位是牛顿。因此，我的智能手机在厨房秤上重 145 克，实际重量为 1.42 牛。1 毫牛（mN）是 1 牛顿的千分之一。

样，湿壁虎能抓住东西吗？斯塔克是谈论这个问题的最佳人选。她与同事一道花了几年时间探索表面的水对壁虎黏附力的影响，以便更好地了解它在现实世界中能发挥什么作用。她首先测量了大壁虎在三种玻璃样本上的黏附力（干燥的、有水滴的和完全浸泡在水中的）。他们将大壁虎分别放在这三个表面，然后用一个微小的电动线束（是的，真的）轻轻地向后拉，直到它们的四只脚都移动了。这让研究人员可以测量克服壁虎黏性所需的力——被称为最大剪切黏附力。

他们发现大壁虎在潮湿的玻璃表面上黏附表现显著下降。"这让我们感到惊讶，尤其是考虑到许多壁虎种类都生活在湿度大、降水多的环境中，"斯塔克说，"当大壁虎所有脚都被完全浸泡时，我们测量了其最低黏附力，因此水肯定干扰了基于范德瓦耳斯力的黏附所需的紧密接触。"不过她也坦言，这种情况在野外可能并不常见。"事实上，壁虎更有可能与有水雾的表面接触，而不是在大雨中外出，一脚踩进深水坑。"即便如此，斯塔克在有水雾表面上测得的力（或者黏性）比在干燥玻璃上行走的脚趾干爽的壁虎的要小。在大多数情况下，它们仍然有足够的抓持力来支撑自身重量，但随着环境变得越来越潮湿，壁虎的黏附力开始减弱。这是怎么回事？

在第1章中，我们了解到液体黏附在表面的能力与表面能或者润湿性有很大关系。壁虎的脚趾垫是超疏水的。它们对水的排斥非常有效，所以当壁虎把脚伸进水坑时，脚趾周围会形成一个小小的空气袋。水被推开，脚趾保持干燥。不过这种排水能力也有其局限性，这取决于壁虎最终踏上的表面。在斯塔克的研究中，她专注于玻璃表面，而这种表面是亲水的。当壁虎的脚接触到湿玻璃时，它不能完全推开所有的水，于是就像斯塔克所解释的那样，这中断了向壁虎提供大部分抓持力的范德瓦耳斯力。此外，壁虎的脚被浸没在水中30分钟后，它们的脚趾似乎也暂时失去了卓越的防水性。水涌入皮褶，进一步降低了它们的抓持力，让玻璃看起来更加滑溜。

　　但如果表面是疏水的，壁虎面对的一切就变得容易了。在这种情况下，它的脚和表面都排斥水，因此它们之间的接触是干燥、有效的。这对壁虎来说是理想环境——在没有水的情况下，它的刚毛和铲状匙突都可以用来黏附。这也反映了许多物种在野外遇到的环境：从蜡质的树叶到树干，疏水性表面在自然界是很常见的。重要的是，壁虎奔跑远比行走频繁，斯塔克后来证实这有助于它们更有效地从脚趾排出水分。

　　意识到润湿性是壁虎抓持力的一个关键因素，一些研究小组开始探索壁虎在人工疏水表面上的表现——最著名的是20世纪60年代末首次讨论的壁虎与特氟龙的对决。德国科学家乌韦·希勒（Uwe Hiller）的实验表明，像特氟龙这样具有疏水性、低表面能的材料对壁虎来说太滑了，无法攀爬。即使他用带电粒子轰击特氟龙，稍微增加了其表面能，壁虎仍然很难走远。关于单根刚毛的实验也得出了同样结果。这样一来，我们也许就能理解斯塔克在2013年为什么不愿意再次测试这种材料了。"但我的本科生对于会发生什么超级好奇，所以我就满足了他们。"他们的发现让所有人都感到惊讶。根据他们的实验结果，活壁虎可以附着在特氟龙上，但只在有水的情况下才行。

　　"这是一个罕见的发现，既让我们感到困惑，又证实了我们在野外看到的情形，"斯塔克说，"我们知道壁虎可以毫不费力地爬上最滑的树木和其他植物，哪怕刚刚下过大雨，所以水对它们来说显然不是一个严重的问题。但是我们的模型根本没有预测到特氟龙的结果。"其他结果没有那么令人震惊——在中等润湿性的材料上，水似乎没有太大影响。壁虎在潮湿和干燥的表面上都能很好地附着。但超疏水的特氟龙是个例外——与我们对基于范德瓦耳斯力的黏附力理解相反，水似乎**改善**了壁虎的黏附能力。

　　研究人员指出，这并不代表存在一个更广泛的趋势，而是体现了特氟龙的特殊性。在论文中，他们将其归因于特氟龙的粗糙度。干燥时，这种粗糙度可能会造成空气间隙存在，从而减少表面和壁虎铲状匙突之间的接触面积。湿润时，粗糙的表面可能会变得平滑，使脚趾能够得到足以产生范德瓦耳斯力的密切接触。说实话，我不相信这个解释，在电话中，斯塔克似乎也同意我的看法。

我们根本无法解释这个结果，也无法解释为什么特氟龙与其他材料如此不同。在后来的工作中，我们改变了它的粗糙度和氟化（一种表面处理），看看是否有什么变化。我们发现，后者对黏附力的影响更大。我们怀疑这可能与静电有关，但不确定。

壁虎黏附的主导机制是范德瓦耳斯力，这似乎是毫无疑问的，但是经过与研究人员谈话，加上阅读更多的论文，我有了一种"事实不止如此"的明显感觉。尽管我们对壁虎的黏附系统进行了持续而深入的研究，但它可能仍然没有展现所有的奥秘。

例如，我们仍然不完全了解角蛋白刚毛在潮湿环境中会发生什么。人类的头发非常容易受到湿度的影响，主要是因为水有助于 α 型蛋白质相邻链之间形成临时的氢键。虽然这种蛋白质和壁虎的 β-角蛋白在化学成分上有所不同，但水对其机械性能也有影响的推测似乎是合乎情理的。奥特姆对此深信不疑。在2011年发表的一篇论文中，他发现他们把湿度调得越高，单根刚毛就越软，但我们不知道这在"整只动物"层面会产生怎样的效果。还有一些细胞生物学家说，角蛋白刚毛有一个额外的功能——蛋白质表面自然出现的正电荷可能会进一步增强范德瓦耳斯力的效应。

最后，2011年，人们在一间昏暗的研究实验室中发现了一些神秘的壁虎脚印。"发表那篇论文时，我们不是很受欢迎，"当我问及此事时，斯塔克笑了，"大家都说壁虎使用的是无残留的干净黏合系统。但如果真是这样，这些脚印是怎么来的？它们留下了一些东西，而我们在其他地方从未见过这样的报告。"斯塔克和她的同事发现，这些残留物含有脂类——通常在蜡和油等"滑"的材料中会发现的化合物。她还证明了这些脂类集中在刚毛内及其周围，这使她认为它与角蛋白有关。但她承认，他们还不能解释为什么这些脂质会存在，以及它们到底来自哪里。"我们还没有答案，尽管我们怀疑它与黏性和快速移动之间的不断权衡有关。也许这些脂质有助于保持刚毛和铲状匙突的清洁无垢，或者对刚毛起到一些结构方面的作用。无论哪种情况，它都告诉我们，目前基于同质 β–角蛋白柱的模型并不完整。"

这些仍然待解决的问题只会使壁虎的黏附系统更加迷人和值得研究。它的性能也使它成为工程和材料科学世界中一个永不枯竭的灵感来源。

技术

2006年，在效力于一个关于防水表面的研究项目时，我读到了一篇我永远不会忘记的论文。该论文几年前被发表在一份科学杂志上，由曼彻斯特大学的一个团队撰写。其中两位作者——安德烈·海姆（Andre Geim）和康斯坦丁·诺沃肖洛夫（Konstantin Novoselov）教授，后来获得了2010年诺贝尔物理学奖（尽管并不是因为这篇论文）。[①]这篇论文之所以让人难忘，是因为最后一页有一张照片——一个常见的红蓝色相间的玩具，仅凭一只手悬挂在玻璃上。它就是蜘蛛侠，人们的幻想变成了现实。

受壁虎攀爬能力的启发，海姆和他的同事尝试着制造一种大体上基于壁虎脚的特征，且可以重复使用的干胶。这是凯勒·奥特姆于2000年发表那

---

① 颁发给海姆和诺沃肖洛夫诺贝尔奖是为了表彰他们"关于二维材料石墨烯的突破性实验"。他们是最先分离出这种独特材料的人，我们在第 9 章会再次提到这种单层碳原子。

篇论文之后的大量研究之一。和其他许多实验一样，海姆的胶带只在有限的情况下起作用，而且事实上，它甚至也不是特别像壁虎。海姆的胶带上没有由坚硬、疏水角蛋白制成的刚毛，而是依靠灵活的亲水聚酰亚胺柱，它们彼此之间的黏附力比它们与目标表面的黏附力更牢靠。因此，虽然它一开始是有效的，但仅在几个粘贴–剥离循环之后，就失去了黏合能力。不过，这确实是一张很棒的照片。

获得诺贝尔奖的科学家未能创造出完全仿生的壁虎黏合系统，任何人都不应该感到惊讶。大自然用了2亿年的时间来优化壁虎的分层黏附系统，而人类试图复制它只有20年的历史。正如斯坦福大学机械工程学教授马克·卡特科斯基（Mark Cutkosky）对我说的："每当我们仔细探究生物系统时，我们就会发现其复杂程度令人生畏，尤其是在运动系统中。我们无法接近那样的复杂度。"而且这还是在科学家可用的制造工具和工艺不断增多的情况下。不过，卡特科斯基继续说："也许我们不必全盘复制。也许我们可以做一个足够好的简化结构，近似于我们在自然界观察到的东西。"这种方法，即只专注复制生物系统中最重要的行为，而不是尝试制造完美的副本（并失败），在卡特科斯基那里似乎很有成效。我参观他的生物仿生学和灵巧操纵实验室时，那里简直是机器人专家的天堂：五颜六色的塑料容器里装满了电子器件，工具散放在长椅上，其余空间里挤满了各种形状和大小的机器人和原型机——有些设计被用来在崎岖地形上奔跑，有些则要在近乎垂直的表面上飞行和降落。不过，我到那里为的是看攀爬系统。

尽管身为壁虎黏性结构的爱好者，但卡特科斯基还是急于澄清，这并不是他工作中使用的唯一动物灵感来源。"我们首先考虑的是应用。你想做什么？你可能想要攀爬什么样的表面？"他说，一旦你把这些问题搞清楚，接下来就该去找生物学家谈谈了，"他们帮助我们识别我们可以从哪些动物身上学到点东西。我们一再发现，能够应对各种表面最灵活的动物都具有多种黏附机制。蜘蛛、蚂蚁和蟑螂都是这样的多面手。"

至于壁虎，卡特科斯基意识到，虽然层次结构——毫米级的皮褶、显微尺度的刚毛和纳米级的铲状匙突处理大部分的黏附工作，但它们并非独立完成。这种动物令人难以置信的灵活脚趾，以及某些种类的爪子，也在其附着及脱离物体表面方面发挥了重要作用。他解释道："所有这些因素的结合，才是让这种动物的脚能够在多个纬度与物体表面紧密黏合的原因。"所以，如果他们想制造一个真正的仿生机器人，就不能只专注于为其脚趾设计一种材料。他们需要着眼于整只动物。"将壁虎视为一个系统。"卡特科斯基说。与工程师、生物学家（包括凯勒·奥特姆）、五所大学的材料学家和波士顿动力公司（机器人公司）①一起，卡特科斯基在斯坦福大学的实验室里开始了这项研究。

2007年，该团队向世界推出了他们第一款受壁虎启发的机器人——"黏虫"（Stickybot）。黏虫重约370克，确实很像壁虎，狭长的身体上有一个头、一条尾巴和四只脚，每只脚都有四个软脚趾。一系列马达操控着腿向前、向后、向上和向下移动。第三组马达使黏虫的脚趾能够做出像真正的壁虎一样在物体表面快速移动的标志性卷曲和舒展动作。脚趾本身由一种聚合物制成，排列成条状，上面覆盖着数千个由硅胶制成的小楔形物。正如卡特科斯基当时所说："这是壁虎分层黏合系统的近似版本，尽管没有那么复杂，但它是有效的。"当脚趾被施加了剪切力时，例如在攀爬时受到机器人本身重量的拉扯，脚趾上的楔形物会弯曲，并与表面紧密接触。虽然比壁虎的刚毛要大得多，但这些弯曲的特征仍然使黏虫获得了支配真正壁虎黏附力的范德瓦耳斯力。

可以说，黏虫最酷的一点在于使其能够移动的自动系统。正如我们已经

---

① 波士顿动力公司（Boston Dynamics）大概是当今世界上最著名的机器人公司之一。他们的仿人机器人和四腿机器狗随着音乐跳舞的视频经常在网络上被疯传。我承认，我觉得它们有点瘆人。

了解到的，壁虎可以通过改变刚毛的角度和平衡力来打开或者关闭它的黏性。在地板上奔跑的壁虎是不需要黏性的，所以它的刚毛是平的。但一旦它开始爬墙，接触力就会作用在它脚上，从脚掌向外拉向脚趾。这就使它的刚毛向外伸展，使脚变得超级黏。在设计黏虫时，所有这些对壁虎来说是本能的行为都必须考虑进来。力通过电缆"肌腱"进行分配。反馈系统不断监测其脚的位置，并调整所施加的力来黏附或者分离黏虫的脚趾。可编程的电机管理"腿部相位"，换句话说，它们确保黏虫在任何时候都至少有两只对立的脚与墙壁接触。这些特性加在一起，使黏虫能够以4厘米/秒的速度爬上玻璃、瓷砖和抛光花岗岩等光滑的表面，大约是真正的壁虎在类似表面攀爬速度的二十分之一。

这个机器人还有一些其他的限制。由于其踝关节的设计，黏虫只能向上攀爬。尽管它足以攀爬墙壁，但力反馈和方向性黏合系统的组合还不足以有效地应付天花板。后来的黏虫版本克服了许多这样的挑战，也许更重要的是，这样的迭代过程促使如今分别就职于不同实验室的卡特科斯基和他的同事开发了其他技术。

以加州大学圣巴巴拉分校的助理教授埃利奥特·霍克斯（Elliot Hawkes）为例，早在2014年，他还是卡特科斯基的博士生的时候，就受到了壁虎脚的启发，研究一种定向的、可重复使用的黏合"胶带"。霍克斯最感兴趣的是用这种黏合剂来支撑较大的物体，比如人类，攀登光滑的垂直表面。因为说实在的，谁没有梦想过能像蜘蛛侠一样在高楼大厦上飞檐走壁呢？他很快意识到，这不会像用壁虎胶带覆盖自己的身体那样简单，原因是他所谓的"低效缩放"。该词被用来概括这样一个观察结果：实际上，将壁虎的刚毛数量增加一倍并不能使其黏性也增加一倍——真正的黏附力往往比预测的要低一些。霍克斯当时写道："黏虫有一个黏合区，根据小规模测试的结果，它应该能支撑5千克，但实际只能支撑500克。"

霍克斯的解决方案集中在两个主要任务上：

（1）让胶带尽可能紧密地与表面贴合。

（2）设法均匀分配负荷。

第一个方案相对容易实现——他没有使用大面积的可能不经意间就重叠、起皱的黏合剂，而是将其分成许多邮票大小的瓦片。但事实证明，在这些黏性瓦片之间分配负荷并使它们在同一时间抓紧表面，是一个很大的挑战。霍克斯借鉴黏虫脚的设计，建立了一个肌腱阵列来连接每一块黏性瓦片，不过它们有一个秘密——这些肌腱的关键构件是**递减性**弹簧。与普通的弹簧不同，它们越是被拉伸，就越柔软。这意味着即使是一个微弱的力的影响，也能被所有的瓦片同时感受到，因此负载总是被均匀地分担。

霍克斯利用这些想法设计了一个攀爬系统，该系统基于连接到一个步进机构的两个扁平桨，步进机构的作用是施加必要的剪切力，以启动以壁虎为灵感的黏合剂。[①]卡特科斯基对我说："这是前所未有的。在整个手掌大小的桨上，霍克斯可以获得的黏合压力（单位面积上的力）接近于一张邮票大小的瓦片。正是这种缩放效率赋予了他攀爬的能力。"他确实爬上去了。非常缓慢，非常小心，在大学校园的玻璃墙上爬了3.7米（见图7）。据我所知，这个攀爬系统的开发大体上已经移交给美国国防部高级研究计划局——最早资助这项研究的美国军事机构，并成为一个更广泛（且机密）研究项目的一部分，这一项目旨在研究用于人类的"以生物为灵感的攀爬辅助工具"。据《大众机械》报道，最新的美国国防部高级研究计划局使用了定向胶带和吸力组合来附着表面。

"老实说，攀爬很容易！"阿鲁尔·苏雷什（Arul Suresh）说。他是卡特科斯基团队的成员之一，通过视频从美国国家航空航天局的喷气推进实验室

[①]　网上有很多埃利奥特·霍克斯的视频，在其中一个中，他批评了喜剧演员、电视节目主持人斯蒂芬·科拜尔（Stephen Colbert）关于蜘蛛侠不靠谱的言论。

图7　埃利奥特·霍克斯使用他受壁虎启发而开发的黏合装置来攀爬斯坦福校园内的一栋建筑

加入了我们的谈话。"当你攀爬时，所有的力都指向同一方向，所以你可以通过定位瓦片来利用这一点。但当力指向不同方向时，情况就会变得更加混乱。你拿起球了吗？"他所说的球就在我面前的桌子上，任何看过橄榄球比赛的人都会觉得它独特的尖头形状很眼熟。

卡特科斯基伸手递给我一条灰色的橡胶材料，其尺寸与创可贴接近，但是感觉不到任何明显的黏性。有一根渔线系在它的中间位置。"这是壁虎胶带，"他解释道，"把它往下放，直到它碰到球，然后提起。"我按照他的指示做了，尽管我对结果有一定的预期，但当球被这根线上的一点橡胶拉起来并庄严地升到桌子上方时，我还是打心眼里感到开心。"这条胶带实际上由两片构成，它们具有相反的极性——楔形物指向相反的方向，"卡特科斯基说，"一半想被拉向这边，另一半想被拉向那边。因此，当你把它放在曲面上并从中心拉动时，你将会施加它们一定的剪切力，进而打开其黏性。这就是你能提起球的原因。"

抓取奇形怪状的物体是很多机器人系统都在努力解决的问题。有一种基于柔软中空结构的抓手（被称为"弹性体执行器"），在适应复杂形状方面表现得特别出色。它们的工作原理是让加压的液体（通常是空气）流过相互连接并排列成一个开放环的腔室。正面的压力使执行器向物体弯曲，从而抓紧它。吸走执行器中的所有空气会使其向后剥离并与物体脱离。当目标物体很脆弱时，弹性体执行器工作得很好，但是它们的抓取力很小，并且依赖于摩擦，这意味着它们通常只能抓取比自己小的物体。苏雷什和他的同事意识到，构成壁虎胶带极性相反的贴片——类似于能让我拿起橄榄球的那两片，可以让柔软的抓手抓取更大的物体。2017 年，他们结合两者的优点，设计了一个系统。这种混合装置的抓握表面贴有壁虎胶带，即使在使用较低的流体压力时，也能比传统执行器施加更强的抓持力。这类似于用爪形器具抓取玩具和用灵巧的手拿起玩具的区别。混合系统对抓取位置的宽容度也高得多。只要执行器两边都能接触到物体，就能拿起它。"高握力"版本使用了三个稍宽的执行器，可以安全地反复举起一个 11.3 千克重的哑铃，即使它被故意放错位。

那篇论文的另一位作者是亚伦·帕内斯（Aaron Parness）博士，他当时是美国国家航空航天局喷气推进实验室（JPL）的机器人工程师。[1]在为本章内容收集资料时，我偶然发现了帕内斯的一段视频。视频中，他正在"呕吐彗星"号上测试一个以壁虎为灵感的抓取装置。"呕吐彗星"是美国国家航空航天局失重飞行器的绰号。它通过特殊的飞行轨迹来提供一段接近零重力的时间，以测试太空技术。我们可以看到帕内斯轻松地操纵着一系列大型物体——从玻璃盒到圆柱形油箱。我对这个项目很着迷，于是开始研究它。

原来，帕内斯曾深度参与了最早的黏虫项目，并在加入喷气推进实验室后继续研究受壁虎启发的黏合剂。然而，尽管抓取器取得了成功，但进入空间技术领域仍面临着挑战。"我觉得我在'呕吐彗星'上飞了有 12 次。"帕内斯通过即时通信软件笑着对我说。我立刻满怀嫉妒，显然我的表情出卖了我，因为帕内斯又笑了起来。"每次我们上去，都是为了测试在太空中使用的抓手或者机器人系统的某些方面。我们做了很多不同的项目，但有一件事

---

[1] 在喷气推进实验室工作了 9 年后，亚伦于 2019 年离职。在我撰写本书时，他已经是亚马逊机器人部门的首席研究科学家。

对所有项目来说都很重要，那就是重力或者重力缺失的情况。"只要你回想一下壁虎是如何攀爬的就明白了。壁虎依靠重力调动它的刚毛，使其纳米级的铲状匙突向外伸展。但在天花板这类倒置的水平表面上，壁虎必须使用特殊的技巧。"它们把脚摆放得让黏合结构相互对立，然后挤压，"帕内斯解释道，"壁虎可以在多条腿之间这样做，也可以在脚趾之间这样做。"即使在太空中，想要模仿这种效果的工程师也不得不依靠弹簧或者电缆肌腱来将对立的垫拉到一起，使它们紧紧抓住。"在一些系统中，我们已经使用多达28块瓦片，都向圆心方向拉动。"

我看到帕内斯在"呕吐彗星"号上测试的系统使用了壁虎黏合片的两种不同排列方式——8对相对的抓手用于抓取平面，2对弯曲的抓手用于抓取圆柱形或者球形物体。有一个滑轮网络可以调整每块瓦片的位置。为了抓取一个自由飘荡的物体，滑轮被拉紧，而为了释放它，拉力会被放松。就像埃利奥特·霍克斯的蜘蛛侠桨片一样，负载分担是实现非常低的黏附力和分离力的关键，以免直接推开目标物体。

该抓取器还有一个"非线性手腕"机制，在撞击过程中起缓冲作用，可以吸收能量。在位于加利福尼亚喷气推进实验室的"编队控制试验台"（Formation Control Testbed，简称FCT）上，抓取器在这一机制的帮助下能够准确地抓取大型物体。该试验台又被亲切地称为"RoboDome"，它的工作原理就像一个巨大的空气曲棍球台——大型物体可以在没有摩擦力的情况下四处移动。"这是我们研究相对运动和接触动力学的好方法。"帕内斯说。在那次测试中，壁虎爪（安装在一部航天器原型上）成功抓取并移动了一块太阳能电池板（安装在另一部航天器上）。基于这次实验，国际空间站上的宇航员在2016年测试了更小版本的抓取器，2021年5月又开展了一组实验。

"我们的壁虎爪不能解决所有问题，但它们在移动那些不容易抓取的东西方面非常有效，"帕内斯解释道，"太空中的物体往往就是这种情况，因此它们可以成为维护国际空间站甚至清除太空垃圾的利器。"这种抓取器现在由一家名为OnRobot的商业机器人公司制造,除在太空中找到用途之外,它们还经常被吹捧为传统真空抓手的替代品,后者被用来抓取地球上表面光滑的大型物体。但是正如帕内斯所解释的那样,有些情况是壁虎爪很难应付的。"灰尘可以击败硅胶壁虎材料的当前版本。它非常容易清洗,但当它黏上灰尘时,它就不能很好地工作了,也不能附着在非常粗糙的表面上。"

卡特科斯基实验室的博士后艾米·韩(Amy Kyungwon Han)最近的研究在一定程度上解决了这些限制。在2020年末发表的一篇论文中,她描述了一个结合壁虎胶带和静电的混合抓握系统。韩并没有重新审视现实中的壁虎是不是利用了静电吸引,而是改进了现有的一种抓握技术。在第1章中,我们谈到了静电如何将两种不同材料吸引到一起。那么,在某些情况下,如果对这些材料持续施加电压,这种吸引力就更像是一种温和的夹紧力,将它们紧紧地固定在一起。这就是静电卡盘的基础:在整个半导体行业中,这种设备被用于移动和操纵已完成的设备以及构成它们的脆弱材料。这些卡盘可以在布满灰尘的环境中工作,对粗糙表面的耐受性明显高于壁虎胶带,正如我们所知的那样,后者的黏附力来自范德瓦耳斯力。不过它们的起重能力相当差,这意味着与壁虎胶带不同,静电卡盘通常只用于移动轻量的物体。

韩和她的同事开始设计一种结合这些技术的系统。他们从一个带有相同角度的微小楔形物(这种楔形物正是斯坦福大学壁虎胶带的基础)的蜡模开始。蜡模首先被喷上一层硅基聚合物——聚二甲基硅氧烷。它薄薄地覆盖了整个模具,同时也填充了每个楔形孔的尖端。楔形孔的其余部分用另一种不同的材料填充——一种已知的、表面电荷会在其上积聚的橡胶。最后,再覆上另一种聚合物,这层薄膜容纳了可以通过其施加电压的电极。随后,这些多层胶垫被安装到机器人手臂上,用于拿起一系列不同的大件物品,包括一袋杂货、一个玻璃容器和一箱罐装饮料。在像玻璃这样的光滑表面上,静电并没有给黏附力带来任何帮助。但在粗糙、多孔的材料上，如纸板，这种混合垫所达到的黏附力比没有使用静电的垫子高3倍。此外，在所有情况下，混合垫都能更容易地举起重物：机器人手臂只需施加一半的挤压力就能产生等量的提举能力。尽管这些垫子离商业化还有很长一段路要走，而且在坚固性方面还有一些待解的问题，但初步结果是充满希望的。韩说，它们可以在"抓取器、离合器和其他需要良好黏附力或摩擦力的应用中"大显身手，而且由于它们体积小、重量轻、耗电少，"所以也适用于小型或者移动机器人"。韩的博士后工作得到了三星公司的部分支持，而这个项目是由福特汽车公司资助的——这两个公司每天都在使用机器人抓取器。我很想知道该项目是否会有进一步的发展。

壁虎可能仍然是全世界机器人学专家的灵感来源。它们的脚也是终极的攀爬和抓握工具，经过数百万年的演化，已经能够通过操纵单个电子来控制各种表面。它们的黏附力来自一种独特的效果组合，若非它在自然界中已经存在，我不确定是否会有人能想象出来。

第3章

涉水破浪

如果你回顾一下2000年的悉尼奥运会，你可能会想到一个名字——"鱼雷"索普。当时这位年仅17岁的澳大利亚游泳运动员引起了轰动，他的本名叫伊恩·索普（Ian Thorpe）。他在短短几天内获得了5枚奖牌（3枚金牌、2枚银牌），全世界观众都为之惊叹。但在那一年，索普的奖牌数并不是游泳圈子讨论的唯一话题，因为那届奥运会也标志着新一代泳衣的首次全面亮相。新一代泳衣从颈部一直延伸到脚踝，有些款式还采用了长袖，其设计与以往奥运会泳池里运动健儿穿的截然不同。乍一看，它更像潜水服，而不是其他选手青睐的传统泳衣或者长短裤。

索普的泳衣由阿迪达斯制造，将游泳运动员包裹在一件由涂有特氟龙的莱卡面料制作而成的超轻织物内。这件泳衣的研发凝聚了多年成果。织物的紧致性所带来的压力有助于抚平身体的一些天然凹凸，使穿者身形更加流畅。几乎覆盖游泳者全身的超滑特氟龙有助于减少他们在水中受到的摩擦。根据阿迪达斯的说法，这些技术带来了明显的竞争优势——穿这种泳衣的运动员要比穿着其他泳衣的运动员更容易破水前行。当时的新闻报道提到游泳运动员穿着的次数，差不多与谈论比赛结果一样频繁。

尝试使用高科技面料的品牌当然不止阿迪达斯一家，而承受最多争议的也不是他们。在同一届奥运会上，英格·德布鲁因（Inge de Bruijn，获得3枚金牌和1枚银牌）和索普的队友迈克尔·克里姆（Michael Klim）等游泳运动员都穿着速比涛制造的泳衣。它们也是由一种紧绷的、有弹性的织物制成的，并有黏合的接缝。但速比涛的产品还有一个非常不同的特点：它的上面覆盖着数百个光滑闪亮的脊状隆起，全部指向游泳者的脚趾。

这个图案为这套泳衣的诞生提供了线索。1996年，在亚特兰大奥运会期间，一个名叫菲奥娜·费尔赫斯特（Fiona Fairhurst）的初级设计师参观了伦敦自然历史博物馆。当时她正在攻读硕士学位，并已经在速比涛公司争取到一个实习岗位。她去博物馆主要是为了寻找灵感。"我开始读一些令人疯狂的东西，比如生物力学服装和仿生材料，"费尔赫斯特在英国通过电话告诉我，"作为游泳爱好者，我一直在想，一定有办法能把我们的泳衣设计得更高效。"她说，当时有一个假设，即让游泳者游得更快的关键是创造光滑的表面："人们总拿海豚说事，因为它们的皮肤很滑，而且速度惊人。但这并不是一个公平的比较。人类永远不可能拥有像海豚那种流畅的流体力学身形。我去寻找一些更像我们的例子：在水中表现得很笨拙。"

这一探索将费尔赫斯特引向了鲨鱼，而鲨鱼又将她引向了资深博物馆馆长、鲨鱼专家奥利弗·克里门（Oliver Crimmen）。在那次访问中，奥利弗向她介绍了皮质鳞突——覆盖在鲨鱼皮肤上的微小脊状结构，克里门称那些结构可以减少阻力。"那天我看到的东西让我完全震惊了，"费尔赫斯特说，"这让我开始考虑，我们是否可以创造一种仿鲨鱼皮结构的织物，说不定就能提高游泳成绩。"由于她的研究，费尔赫斯特被要求负责速比涛面向优秀游泳者的新一代泳装开发。于是"快皮"（FASTSKIN）项目就诞生了，它有一个明确的交付目标——2000年奥运会。"我的任务就是研发出世界上最快的泳衣，而且它在学术上也能站得住脚。"她说。

在接下来的四年里，费尔赫斯特和她的团队去了世界各地，从新西兰达尼丁到日本长崎的一家流体工程实验室。该项目改变了速比涛设计和测试泳装的方式。"他们以前一直依赖风洞的结果，"费尔赫斯特笑着说，"我们开始在专门的水槽中测量，在那里，我们可以调整所有变量，从水的化学成分到空气温度。"他们还考虑了衣服面料和结构的方方面面，"从接缝位置到线的拉伸性，无所不包"。

在费尔赫斯特获得的多项专利中，有一项描述了这种泳衣：它由单层、特殊形状的"高弹力不变形聚酯纤维面料"制成。有一系列设计可供游泳选手选择，从全长紧身裤到无袖连体衣，都由这种新面料制成。穿着速比涛“快皮”系列的运动员在2000年奥运会上打破了13项世界纪录，而这种泳衣设计的每一次迭代都声称具有令人印象深刻的新功能和性能。速比涛公司表示，2004年奥运会上的那个版本——FASTSKIN FSII，也是费尔赫斯特研发出来的——可以减少"被动阻力"达4%。当时在比赛中赢得8枚奖牌（6枚金牌、2枚铜牌）的迈克尔·菲尔普斯（Michael Phelps），穿的就是这种面料的泳衣。这引起了所有人的注意，特别是科学界。

如果说有一件事是所有科学家都喜欢做的，那就是检验大公司的声明。速比涛公司并没有胡编乱造，该公司在英国有一个专门的研究机构，名为流体实验室（Aqualab），雇用了很多优秀科学家和工程师，据说阿迪达斯更加重视研究。问题在于，由于这些公司的重点是开发商业产品，所以他们通常不会在传统的科学期刊上发表其研究成果。因此，当第一件连体衣登上头条时，来自其他机构的研究人员立刻对它们进行了实验。结果，你现在可以找到数以百计来自同行的关于"受鲨鱼启发的"泳装性能的研究报告。在深入研究这些论文之前，我们需要更清楚地了解游泳者实际上是如何在水中运动的，以及他们必须克服的表面力量。

游泳

第一件事是，不管他们采用哪种泳姿，要想保持运动，游泳者需要主动推动自己。是的，他们可以滑行片刻，但为了保持速度，他们必须不断地用手臂和手把水推开——游泳者的这些身体部位产生了85%～90%推进力。

剩下的10%~15%来自他们的腿和脚。正如费尔赫斯特在电话中告诉我的：
"游泳者的速度取决于其肢体划动得有多快。"①在水中推动自己需要很大的
力量，这可能在一定程度上解释了优秀游泳运动员典型的倒"V"字形身材
（宽肩窄臀）。游泳者的身体越强壮，他们对水施加的力就越大，在其他条件
不变的情况下，就能游得越快。因此。运动员都在努力提高他们的力量、耐
力和所谓的"峰值功率"——他们可以施加的最大力量乘以他们的速度。

　　但这些推力只是故事的一部分。游泳者还需要与流体动力阻力作斗争，
该词是指人在水中运动时所受的阻力，可以粗略地理解为水的"黏性"。阻
力越大，游泳者就越难向前移动。它们主要有三种类型。

　　第一个是**形状阻力**，顾名思义，它与游泳者身体的形状和大小有关。这
也是我们在水中行进时遇到的阻力类型。因为它与速度的平方成正比，所以
随着游泳速度的增加，形状阻力会变得越来越重要。游泳者的速度增加一
倍，其形状阻力就会变成原来的4倍。

　　形状阻力相对来说是比较容易减小的，因为只要让身形尽可能接近流线
型就能解决很多问题。这可以依靠游泳者的技术、姿势和核心力量来实现。
在2001年发表在《湍流杂志》上的一篇论文中，作者称"大多数泳姿的大
体思路就是让肩部或胸部区域在水中创造一个空隙，然后让臀部和腿穿过这
个空间。这通常意味着游泳时身体尽可能地保持水平"。不过，在身体的某
些部位，你会希望能最大限度地提高形状阻力，比如前臂和手——那里的阻
力有助于推进，所以大手是一个优点。还有一点值得注意的是，形状阻力会
受到水密度的轻微影响，因为游泳者在盐水中往往比在淡水中位置高。这种
与浮力有关的影响，我们在后文中会讨论。

　　第二个值得关注的阻力是**造波阻力**，是水中的波浪和尾流造成的。在泳

---

① 伊恩·索普有一双著名的大脚。显然，它们也非常灵活。根据《纽约时报》报道，"他可以用脚趾触摸自己
的小腿"，这既令人着迷，又有点恶心（如果要我说实话）。灵活性加上巨大的脚表面积是天生的优势，这也许
是索普在其整个职业生涯中能够取得好成绩的部分原因。

池中，这些干扰则来自游泳者自己。当他们在水面上游动并推开挡道的水时，他们不断产生不同速度的水团。游泳选手会因为这种偶然产生的波浪而损失能量，进而严重拖累他们的前进速度。在比赛中，泳道被用来将游泳选手分开，这样可以将选手们对彼此的影响降到最低。不幸的是，每位选手仍然会产生他们自己的造波阻力，并承受其带来的后果。

造波阻力对成绩的影响最大，因为它在较高的速度下占主导地位。它与游泳速度的立方成正比，这意味着游泳者的速度越快，造波阻力的增加就越明显。例如，速度增加1倍会导致造波阻力变成原来的8倍。[①]它还会被水中竖直方向上的运动放大。在一个理想的世界里，游泳者会将他们所有的运动限制在水平方向。不幸的是，人类的构造做不到这一点。首先，游泳者需要偶尔抬头呼吸。另外，当他们在泳池中踢脚时，他们的臀部会旋转。鉴于这一切，造波阻力是不可能完全消除的，但游泳者可以通过保持动作的流畅和稳定，避免动作之间生硬而突然的转换，从而将其降到最低。

第三种阻力是**表面阻力**（或称**表面摩擦**）。这种阻力受到游泳者在水中运动时表面粗糙度的影响。它对运动成绩的影响相对较小，因为对游泳者来说，它与速度呈线性关系。但在这里有必要简单提一下，因为它与我们将在第4章中详细讨论的对象——层流与湍流有关。像水这样的流体，在物体表面上的运动方式取决于其表面的粗糙或光滑程度。游泳者真正想要的是在顺滑的水中滑行，阻力越小越好。但如果他们的身体有凸起或者尖锐的边缘，就会导致水流变得湍急，产生微小、旋转的水团，吸收游泳者的能量，降低他们的速度。因此，许多竞技游泳运动员痴迷于让身体变得柔滑，具体措施可能包括去除体毛和角质、戴泳帽，当然还有紧身的高科技泳衣等方面。

游泳者受到的全部阻力是这三种力的组合——形状阻力、造波阻力和表面阻力。它们都持续地作用在游泳者身上，但每种力的相对大小会随着游泳

①　造波阻力对任何在水面附近通过的物体都施加了有效的速度限制——在船上，这被称为"船体速度"。

者身体位置和速度的改变而改变。要分离这些力并对其进行单独测量是非常
困难的，因此大多数游泳研究人员和泳衣制造商谈论的是"被动"和"主
动"阻力。

也许你已经猜到了，被动阻力是指游泳者在不推动自己时——滑行或者
姿势不变的情况下所受的阻力。对被动阻力的测量实际上只捕捉到了表面摩
擦效应和形状阻力的某些方面，所以它们只能反映推进力和阻力之间对抗的
部分情况。在现实生活中，游泳者是不断移动的，他们的速度，以及身体的
有效尺寸和形状在划水的每个阶段都在不断变化。如果我们想更真实地估算
他们在泳池中受到的总阻力，我们就需要在游泳者主动前进时进行测量。

在这里，我这么说，好像这是件很简单的事情，其实不然。即使在今
天，也没有可以用来测量主动阻力的标准方法。这可能是因为要设计一个既
能反映"真实"泳池发生情况的实验环境，同时又不干扰游泳者的游泳能力
是非常困难的。但对像速比涛和阿迪达斯这样的大公司来说，这样的努力是
值得的。因为他们如果最终能够量化这些阻力，就能设计出针对它们的泳
衣、泳帽和泳镜，帮助游泳者变得更加顺滑，游得更快。

测量

那么，他们测量阻力的方案是什么样的呢？它就是主动阻力测量系统，
这一系统已经被使用了几十年，令人惊讶。[①]该技术由荷兰研究人员在20世

---

① 主动阻力测量（Measuring Active Drag）的英文缩写"MAD"字面意思为"疯狂"，这里为作者身为爱尔兰人
的习惯用法，是令人惊讶或者古怪的意思。

纪80年代中期开创，需要将一个充满空气的PVC管浸入一个25米长的泳池中。管身每隔一段距离固定有一个桨，由一名不知名的男性奥运游泳运动员在自由泳时推动这些桨。桨连接到被称为应变片的测力传感器上，在这种情况下，测量的就是游泳者的手臂所产生的推动力。为了将测量结果转化为对阻力的理解，研究人员不得不做出一个相当重要的假设：游泳者在匀速运动。如果确实如此，他们可以说所有的力都必须平衡。换句话说，传感器测得的平均推进力应该等于平均主动阻力。通过测出其中一个，你可以推断出另一个。

这种思路中的物理学原理是完全正确的，但它给游泳者带来了一个相当人为的情况。首先，为了将所有被测量的力都指向一个方向，他们根本无法使用自己的脚。在主动阻力测量系统中，游泳者的双腿被一个浮力辅助装置绑在一起，以帮助他们保持理想的水平位置。他们还需要保持恒定的划水距离，并准确地击打每一个桨，这样他们就不能像通常那样自由地游泳了。而在后来的版本中，游泳者还戴上了呼吸管，以消除将头伸出水面呼吸的需要。所以，它在一定程度上背离了现实，但这并不是说它没有用。相反，它似乎是第一个被用来测量游泳的一些基本力量的、真正实用的方法，被研究人员和教练等群体广泛采用。

之后又有许多其他技术得到了认可。命名巧妙的"速度扰动法"（Velocity Perturbation Method，简称VPM）比较了游泳者自由游动时的最大速度和被缆绳和腰带以已知的力向后拖动时的最大速度。研究人员的假设是，游泳者在这两种情况下都能产生恒定的动力，因此通过比较这两种速度，他们可以确定主动阻力。"辅助拖曳法"（Assisted Tow Method，简称ATM）与"速度扰动法"有些类似，只不过游泳者是被拖着向前。他们得到的是帮助，而不是阻碍。尽管这能让他们更自然地游动，但它涉及的某些假设也未必是准确的。

我想我最喜欢的技术是我最近刚了解到的那个，由日本研究人员在2018年提出。在那个实验中，游泳者身处水槽之中，和之前一样与一根电缆相连。但这一次，电缆被连接到两组传感器上：一组测量向前的推动力，另一组测量向后的牵引力。所有游泳者的帽子下面都佩戴了一个水下节拍器（以固定频率发出哔哔声的防水计时器），研究人员提高了水槽中的水流速度，也能给他们提供一个目标划水频率。这种方法测得的主动阻力值往往比用其他方法测得的高。这是否意味着它更准确或者更可靠？老实说，我不确定。

以上便是我们从这些技术中获得的关键信息。哪怕是世界上的游泳专家，依然对如何准确测量决定游泳者在泳池中顺滑程度的力争论不休。如果我们不能在如此直截了当的问题上达成一致，那么我们（或者任何运动服品牌）又如何能够量化身穿光亮的泳衣所带来的影响？

阿迪达斯和速比涛的研究人员具体使用的是什么测量系统，并没有详细的、公开的信息。我们真正掌握的只有他们的专利、他们公布的"减阻"指标〔如2003年，阿迪达斯声称身穿"喷气概念"（Jetconcept）系列泳衣的选手的"成绩提高了3%"〕，当然还有他们获得奖牌的结果。对于这些泳衣的确凿数据，我们需要看独立实验室的研究。为了回答这个问题，许多人对它们进行测试："这些泳衣真的能帮助人们游得更快吗？"

主动阻力测量系统的发明者胡布·图桑（Huub Toussaint）是最早对传统泳衣和速比涛全身"快皮"泳衣展开受控比较研究的人之一。在他2002年开展的实验中，13名专业游泳运动员（6名男子和7名女子）在泳池中以特定的速度进行自由泳，并击中所有要求的力感应桨。他们游了两次：第一次穿着"快皮"泳衣，第二次穿着他们平时的标准泳衣。这使图桑能够直接比较游泳者在穿和不穿"快皮"泳衣时受到的主动阻力。看起来这套泳衣确实给一些受试者带来了些许优势，但从整体来看，阻力平均只减少了2%。图桑得出的结论是，实验结果"并不能证实关于穿着速比涛'快皮'泳衣可以减少7.5%阻力的说法。没有发现统计学层面的明显降阻"。

同样在2002年，澳大利亚的一个研究小组将9名优秀的游泳者（5名男子和4名女子）放入泳池，然后将他们与一个简单的牵引装置相连，并测量他们在水中以固定速度移动时受到的阻力。研究人员想要确定，当游泳者分别在水面和水面以下游泳时，速比涛"快皮"泳衣对主动阻力和被动阻力的影响。在被动测试中，游泳者仅仅是保持着静态的流线型姿态被拖着走，四肢完全伸展。而在主动测试中，他们在被拖动的同时做着打腿动作。受试者在实验的一半时间里身穿全身的"快皮"套装，另一半的时间里则穿着他们的标准泳衣。

科学家发现，"快皮"泳衣对被动阻力有很大影响。从所有受试者来看，不管速度和深度如何，阻力都有所降低。论文的主要作者纳特·本加努瓦特拉（Nat Benjanuvatra）博士写道："目前的研究结果与速比涛所述（2000年）一致，即全身的'快皮'泳衣降低了被动净阻力值……平均降低7.7%。"主动阻力方面的结果比较复杂，但作者仍然认为"快皮"泳衣确实提供了比标准泳衣更低的摩擦阻力，使游泳者能游得更快。

印第安纳大学的约埃尔·施塔格（Joel Stager）教授对这个问题采取了一种不那么直接的方法。他没有试图测量游泳运动员所施加的（或者作用在他们身上的）力，而是只关注游泳速度。施塔格从1968年以来的每一次美国奥运选拔赛中获取数据，并利用它来预测游泳运动员在2000年选拔赛中可能取得的成绩。然后，他将这一数据与运动员第一次穿几家泳衣制造商的连体泳衣参加选拔赛时的成绩进行比较。施塔格的逻辑是，如果这些衣服真的能减少阻力，他应该可以看到游泳者的速度存在无法仅仅从训练和营养的角度就能解释的明显变化。

施塔格说："我们统计了选手们的比赛用时，结果显示，新泳衣根本没有产生任何影响。"在这篇论文中，我只找到了施塔格关于这一实验结果的摘要，而不是原始数据。施塔格报告说，只有两个项目的结果与预测不同：女子200米仰泳比预测的要慢，而女子100米蛙泳比预测的更快。但在男子项目中，我们没有发现任何明显的差异。当时，著名的运动心理学家、施塔格的临时合作者布伦特·拉歇尔（Brent Rushall）博士写道："泳装制造商宣传的任何性能优势的证据，在美国选拔赛上均未出现。我们现在该质疑制造商的说法了。"

我可以一天到晚地引用论文——有数百份可供选择，但仅仅这三份就已经能够描绘出问题的全貌。如果你只看穿连体泳衣的运动员赢得的奖牌数量，你很难说它们对游泳成绩有没有影响。但多年来，由于科学界对它们的具体工作原理缺乏共识，所以高科技泳衣一直处于一个模糊区域，介于营销炒作和技术突破之间。

它们也引起了巨大的争议，因为世界上许多优秀的游泳者都将这些泳衣视为一种设备，而不是衣服。竞技游泳运动员一直在想方设法让自己的身体变得更加顺滑，包括在比赛前去除所有体毛，但是这些泳衣似乎做得太过分了。结果，有人指责它们威胁到了游泳这项运动的"纯洁性"。在2000年悉尼奥运会前6个月，布伦特·拉歇尔向世界游泳联合会提交了一封措辞严厉的信。在信中，他声称如果高科技泳衣被正式采用，"这项运动可能会发生不可挽回的变化"，并呼吁禁止高科技泳衣。拉歇尔的论述以世界游泳联合会的一项具体规则为核心，该规定当时不允许使用"任何可能在比赛中对运动员①的速度、浮力或者耐力有帮助的装置或者泳衣（如手蹼、脚蹼等）"。在拉歇尔看来，这些泳衣是否有效其实并不重要——他质疑的是这些泳衣的意图。他写道："泳衣制造商公然宣称他们的产品可以提高成绩，这一事实

---

① 在世界游泳联合会官方网站上的英语版（世界游泳联合会工作语言）游泳规则说明中，用第三人称物主代词指代"运动员的"时，有多半用的是"his"，只有少数地方的表述是"his/her"（他／她的），对女性有一定尊重，但不多。

足以使他们的产品被这一规则拒之门外，因为在最坏的情况下，他们的产品可能真的会提高成绩（在游泳运动中是用速度来衡量的）。"我想可以肯定地说，拉歇尔不是阿迪达斯和速比涛泳衣的粉丝。而且他也不是唯一不喜欢这两个品牌泳衣的人。

不过正如我们所知，这些泳衣最终获批可以在悉尼奥运会及以后的比赛中使用。但是针对它们使用和继续开发的敌意从未真正消失过。值得庆幸的是，围绕它们的科学好奇心也未消失，所以在今日，我们对高科技泳衣的工作原理有了更深入的了解。

鲨鱼

在速比涛推出"快皮"以及2004年的换代产品FSII系列时，鲨鱼是该公司相关营销和形象设计的主角。但是，如果你看一下当时授予费尔赫斯特及其同事的专利，你很难找到任何关于他们灵感缪斯（鱼类）的信息。菲奥娜告诉我，事实并不像广告宣传的那样，"快皮"泳衣的设计初衷从来都不是简单、直接地模仿鲨鱼的皮肤。她参观自然历史博物馆的经历"是一个催化剂，一个起点。它让我了解到盾鳞——鲨鱼身上微小的凹槽特征，可以操纵流体流动。很明显，人类不是鲨鱼，但这引发了我们的思考"。

因此，2012年，当科学家乔治·劳德（George Lauder）宣布这种纺织面料"一点也不像鲨鱼皮"时，人们或许不应该感到太惊讶。作为鱼类学教授，劳德对鱼类的兴趣远甚于对竞技游泳者的兴趣，所以他并没有特意测试连体衣面料，而是设计了一个实验来观察不同类型的真正鲨鱼皮肤的流体动力特性。在实验中加入人造材料只是一个意外收获。有人曾引述劳德的论述："关于鲨鱼皮的文献有待更新。我们开始工作之后，我觉得检测一下速比涛泳衣的材料会很有趣，因为在表面结构的影响这方面，我们还没有很多定量信息。"

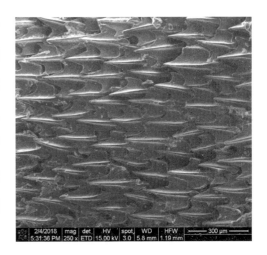

图8　成年狗头鲨的盾鳞

在这里，我们需要插入一段关于盾鳞的简短介绍。几乎所有鲨鱼物种的皮肤上都有这种微小、坚韧、紧密排列的齿状鳞片（见图8）。我将其描述为"齿状"是因为它们实际上与脊椎动物的牙齿有很多共同之处。我的朋友、研究鲨鱼的科学家梅利莎·克里斯蒂娜·马尔克斯（Melissa Cristina Márquez）告诉我，它们"由外层的牙本质和牙釉质，以及被二者包围的牙髓腔构成"。小齿的形状在不同种类鲨鱼之间，乃至同种鲨鱼之间都不一样。在任何一只鲨鱼身上，你都可以看到其身体不同部位分布着众多大小不一的小齿。研究人员认为，这些结构具有多种功能，从充当盔甲到帮助进食。

关于盾鳞，最有意思的一点是，它们总是沿着液体流动的方向排列。如果你有机会近距离接触鲨鱼，最好是在可以互动的博物馆里，而不是在海洋里，我建议你用手抚摩它的身体——从鼻子往尾巴方向，然后再反方向抚摩一次。第一次抚摩时，你会感觉它很光滑，但第二次，你会感觉很粗糙。这其实是由盾鳞的方向性造成的。

有趣的是，并非所有海洋游泳高手的皮肤上都有这些特征。正如劳德研究团队的迪伦·温莱特（Dylan Wainwright）在电子邮件中所阐释的那样，相比之下，海豚的皮肤非常光滑。"我们都知道齿鲸亚目[①]的一些种类长着皮嵴，但我们发现这些皮嵴几乎不会带来流体动力学方面的好处。我们认为，至少在我们采样的物种中，海豚是通过使它们的皮肤变得光滑和紧致来克服摩擦的。"[②]海豚可能是索普第一套阿迪达斯泳衣的灵感来源吗？目前我还没有找到一个可靠的答案。

接下来，我们继续说劳德的鲨鱼实验。第一步是从两种以速度著称的鲨鱼——尖吻鲭鲨（*Isurus oxyrinchus*）和鼠鲨（*Lamna nasus*）身上提取皮肤样本。样本被装到箔片或者翼板上，当连接到一个自动系统上时，它们就可以在水箱中"游泳"了。这些箔片中有一半是刚性的，是通过将皮肤样本直接粘在固体板上制成的。还有一半是柔韧的，是一层由皮肤构成的薄膜。在一些箔片上，劳德特意用砂纸去除了齿状物，进一步解析它们在减少阻力方面的作用。研究小组用"快皮"系列的面料样本制作了一组类似的箔片，并着手比较它们在水下的性能。

这项研究的一个关键目标是确保箔片的运动与现实生活中鲨鱼的游泳动作准确匹配。因此，劳德通过对活体动物的观察来为他的"箔片自动拍打装置"编程。他还用一种叫作"数字粒子图像测速"（Digital Particle Image Velocimetry，简称 DPIV）的技术来观察水在箔片上的流动情况，其中包括向水中加入数百万颗微小的反光玻璃珠，并用激光照射它们。当这些珠子在铝箔周围移动时，他们会用高速摄像机仔细地追踪它们。

劳德发现，在柔软的鲨鱼皮样本上，箔片前面总是会立即形成一个螺旋形的低压水区（旋涡）。随着一系列游泳动作的展开，这个旋涡一直附着在箔片上，但会沿着其长度方向逐渐向后移动，最终与箔片分离，消散在它后面的水中。等到铝箔回到起始位置并重新开始游动，旋涡再次形成，整

---

① 齿鲸亚目指的是有齿鲸，如海豚、鼠海豚和抹香鲸。
② 我喜欢好的论文标题，这一篇就不错——《海豚有多光滑？齿鲸的脊状皮肤》，由迪伦·温莱特等人撰写，2019 年 1 月 3 日发表在《生物快报》第 15 卷。

个周期不断重复。[1]数字粒子图像测速技术的追踪表明，在旋涡内部，水流被暂时逆转。这样做的效果是，当铝箔游动时，它会主动被水"吸"着向前。难怪鲨鱼的速度如此快！经过打磨的鲨鱼皮样本并没有起到这一作用。虽然形成了一个前缘涡流，但它很快就脱离了箔片，并导致游泳速度慢了 12%。

根据这些结果，劳德得出结论，小齿是鲨鱼克服主动阻力的关键手段。但是效果太明显了，小齿所做的不仅仅是减少阻力——它们似乎大幅提高了鲨鱼的游泳速度。或许正如劳德对《哈佛公报》所暗示的那样，位于几乎一动不动的鲨鱼头部小齿的作用是减少阻力，而位于不断摆动的尾部上的那些小齿能增加推力。对此，我们还没有一个完整的答案。

但"快皮"面料又是怎么一回事？嗯，游泳性能取决于自动设备如何移动箔片。在三个运动项目的两个中，柔性箔片在泳衣面料**内外翻转**情况下的移动速度要比没翻转前的更快。而在第三个项目中，无论织物位置如何，游泳速度都保持不变。在劳德看来，这表明"快皮"泳衣表面图案对阻力没有影响。简言之，它们无法发挥像小齿一样的作用。他说："我们最终证明，制造商过去声称是仿生结构的表面特性本身对推进力没有任何作用。"

尽管这些结果似乎给"快皮"面料的"鲨鱼灵感""减少阻力"等说法画上了句点，但劳德并没有完全否定连体衣本身的性能。事实上，他说他"相信它们是有效的，但不是因为表面"。那么，这些破纪录的连体泳衣还可能隐藏着什么其他作用呢？

---

[1] 如果这一点令你困惑，请坚持下去——我们将在下一章中探讨旋涡脱离，我保证。

平滑

在2002年菲奥娜·费尔赫斯特和她的同事简·卡帕特（Jane Cappaert）在美国获得的一项专利中，我们能找到很多线索。在该专利中，该泳衣被描述为"一种紧身衣"，"由多块有弹性的织物嵌片拼接在一起，其形状贴合……腹部区域和……臀部区域"。从这种全长连体泳衣的草图来看，大概有20块这样的嵌片，都是用针脚细密的平缝连接起来的。这些接缝的位置也是精心确定的，专利称这有助于泳衣在身体上实现"高度紧绷的贴合"。这些设计特点结合在一起，我们便有了一件不仅紧实得令人难以置信，还能支撑特定肌肉群的泳衣。

穿上这样的泳衣，游泳者会发现在游泳时更容易保持良好的姿势和身体的平直。这不仅省下了一些可以用于推进的能量，还可以帮助他们保持水平，减少形状阻力。一些研究人员认为，在自由泳、仰泳和蝶泳中，从颈部到膝盖的连体泳衣也可以减少臀部的过度运动，从而减少造波阻力。此外，克罗地亚的一个生物力学家团队发现，与身穿标准泳衣的人相比，穿着"快皮"的游泳者更不容易疲劳，心率也更低。速比涛泳衣的最新版本——FASTSKIN-3（FS3）也声称可以帮助游泳者节省11%的氧气。2012年，接受《科学美国人》采访时，速比涛的研究经理谈到FS3时说："这就像汽车每加仑的英里数。你可以以同样的速度游泳，但消耗的燃料更少。它能让游泳者游更长时间。"因此，这些泳衣很可能为游泳者的身体提供了一个整体的"结构性"支撑，压缩他们的肌肉，减少疲劳，并使他们的身体变成超级流线型。仅这一点就足以解释他们的非凡成绩。

关于高科技泳衣，另一个经常被提及的词是"浮力"。对速比涛公司专门为 2008 年奥运会推出的 LZR Racer 泳衣（据说是有史以来最具争议性的泳衣，但费尔赫斯特对我说她跟它"一点关系也没有"①）来说，情况尤其如此。LZR 从"快皮"系列泳衣的研发中吸取了一些经验——后者的严密性将游泳者的身体压缩成一个光滑的流线型管状物，并支撑着核心肌群。但它远不止于此，这在很大程度上要归功于它的结构和专业面料的使用。与之前的泳衣不同，LZR 不是由针织织物制成的，而是采用了聚氨酯面板，由弹性尼龙区域隔开。甚至连接缝也不同。LZR 的接缝不是用多条线把衣服拼成一体，而是采用了超声波焊接技术：用高频声音来熔化两种织物，在它们之间形成一个非常坚固（且几乎看不见）的结合。美国国家航空航天局也加入进来，并与速比涛合作设计了一种低断面拉链，"在风洞测试中产生的阻力比标准拉链小 8%"。

这一切意味着这套泳衣几乎是不透水的，其排水性强到能在游泳者的皮肤和泳衣内部之间兜住一些空气。穿着 LZR 泳衣的游泳者可以在水中浮得更高，减少他们受到的阻力。速比涛公司表示，在北京奥运会上获得的所有游泳奖牌中，有 98% 是由身穿 LZR 泳衣的选手获得的，这一数字令人震惊。意大利一个游泳教练也因此将 LZR 泳衣比作"技术兴奋剂"，并得到了他人的赞同。无论如何，在北京奥运会结束后的几个月内，有多家泳装制造商推出了自己的"橡胶泳衣"，包括阿瑞纳的"滑翔服"（Arena X-Glide）和 Tyr Sport 的 B8。这些泳衣取消了嵌片，几乎完全由聚氨酯制成。与之前的产品相比，它们赋予了游泳者更大的浮力。在 2009 年的游泳世锦赛上，有 43 项世界纪录被打破，最终促使世界游泳联合会介入。

全身聚氨酯泳衣在 2010 年被禁止。从那以后，只允许使用可渗透的纺织面料，而且泳衣也变小了。截至 2017 年，推行的规则仍然是，对于"温度高于 18 ℃的泳池和开放水域游泳比赛"，男式泳衣上下两端的长度不得高

---

① 过了"除了泳衣什么都不想"的 8 年之后，设计师菲奥娜·费尔赫斯特于 2004 年离开了速比涛公司。

于腰部或者低于膝盖，而女式泳衣的长度只能从肩膀到膝盖。不过，技术发展并没有停滞不前。在这项运动的顶尖对决中，每一毫秒都很重要，所以泳装制造商仍在寻求通过设计来提升速度……只是不再借助紧身、浮力、超级顺滑的连体泳衣机制来实现这一点。

漂浮

除了人类、鲨鱼和海豚，还有许多其他东西必须应对在水中移动的问题，最明显的一个（至少对我来说）是船。因此，在结束这一章之前，让我们简单地谈谈船体。

船体其实就是船的身体，是船只在水中穿行的部分，所以你应该能够想到，船体承受的许多流体动力学作用与鲨鱼等生物是一样的。无论船只采用何种形式的推进力，形状阻力、造波阻力和表面阻力都会使其减速。同样，船受到的总阻力通常也会随着速度的增加而增加。不过，也有一些区别。首先，船只比鲨鱼更坚硬，除非它们是高度专业化的，否则它们不会在移动时改变形状。船只也倾向于在水面附近活动，而不是完全浸入水中。另外，与鲨鱼不同的是，船只一直与生物淤积进行着无休止的斗争——当船只静止时，船体上就会堆积海藻、植物和动物（如藤壶）。所有这些因素都会影响船的性能，以及占主导地位的特定阻力机制。但如果我们想让船变得更快，我们应该从哪里着手？这个问题的答案取决于船。因此，为了解开谜团，我们不妨考虑几种不同的设计。

首先是排水型船体，以独木舟和渔船为代表。顾名思义，这种类型的船体通过排开水来工作，实际上是用它的体积将水推开。因为依靠浮力，所以有排水船体的船只可以在没有很大推进力的情况下移动，而且相当稳定。但是它们的最高速度受限于它们在水中的位置有多低——船和水的接触面积越大，它可能产生的波浪就越大。因此，我们如果想提高渔船的速度，就要减少其造波阻力。要做到这一点，最实际的方法是减少它的重量，从而减少排水量，使船在水中浮得更高。

　　轻型划艇壳体，比如牛津大学和剑桥大学之间著名的年度赛艇对抗赛中使用的那些，也通过排水来保持漂浮，但由于它们非常轻，船体只有很小一部分位于吃水线以下。它们还被设计成流线型，这样赛艇就能劈水而行了。它们细长的形状使其更不容易受到造波阻力和形状阻力的影响。根据牛津大学物理学家、兼职赛艇教练阿努·杜迪亚（Anu Dudhia）的说法，作用于赛艇外壳的主要阻力类型是表面阻力，占这些船受到总阻力的80%左右。让赛艇壳变得更快的唯一方法（除了选择更强壮的赛艇运动员）是改变表面光洁度。

　　如果你对速度感兴趣，你就很难忽略曲高和寡的赛艇世界，特别是那些用于美洲杯帆船赛的赛艇。别看没有发动机，它们的速度甚至可以超过50节（92.6千米/时），这要归功于它们将船身抬出水面并保持继续航行的能力。另外，还有两个坚固得令人难以置信的碳纤维臂（被称为"水翼"）从船体上伸出。当高速航行时，这些水翼在吃水线以下展开，使船体从水面升起。所以，这些船通过尽量减少船体浸入水中的部分来保持低阻力。

　　减少流体动力阻力并不仅仅是那些驾驶着昂贵赛艇的富人无聊的追求。在航运业，这也是一个令人着迷的课题，因为动力船越容易在水中穿行，它所需的燃料就越少。鉴于海上贸易占全球二氧化碳排放量的近3%，人们对提高船只效率的动机也变得越来越强烈。集装箱船是有史以来最大的交通工具之一，但就像细长、低矮的赛艇船体一样，它们也必须与摩擦阻力作斗争——在低速状态下，摩擦阻力可能占到它们受到的总阻力的90%。我们在探讨泳装时已经了解到，固体和流体之间的摩擦阻力在很大程度上受表面粗糙度影响，因此航运公司花费了大量时间和金钱来确保他们的船体尽可能地干净和光滑。例如，使用"防污"涂料——其中有许多都含有被称为"生物杀伤剂"的有毒化合物。随着时间的推移，这些生物杀伤剂慢慢地从油漆中浸出，防止那些会让表面变得非常粗糙的微生物生长。正如你想象的那样，管理不善的防污涂料会对海洋环境造成伤害，所以有关它们的使用法规正在不断地更新，而制造商也在不断地远离它们。[①]

哈佛大学的一个分支机构最近推出了他们在这一领域的成果——一种基于猪笼草属植物、不含生物杀伤剂成分的涂料。猪笼草是一种著名的、非常滑溜的食虫植物。虽然看起来很光滑，但猪笼草管状陷阱（捕虫囊）的内表面覆盖着数百万个微孔，里面充满了水或花蜜。这种液体就像一层不断更新的润滑剂，对任何不幸接触到它的昆虫来说，其表面的效能可谓立竿见影。而在滑坡的底部，等待它们的是消化液的沐浴。

在研究这种植物时，乔安娜·艾森伯格（Joanna Aizenberg）教授和她哈佛大学威斯生物启发工程研究所的同事对"可溶解昆虫的食虫植物"并不感兴趣，但他们利用其背后的原理设计了一批超滑涂料，通过改良润滑剂，可以排斥水、油、灰尘、细菌和血液等一切物质。他们将这项技术称为"注入滑溜液体的多孔表面"[②]，并在2011年发表了他们的初步成果。美国自适应表面技术公司（Adaptive Surface Technologies）实现了该技术的商业化，并在之后研制出可以完全清空的塑料容器和不留任何残留物的工业罐。他们的防污船用涂料在2019年上市，根据产品数据表，它结合了聚二甲基硅氧烷（PDMS，一种硅基聚合物）和一种广泛用于护发素的化合物。这种组合肯定

---

① 铜基涂料在休闲划船者中越来越受欢迎，但围绕其有效性和环境影响的问题存在很多争论。
② 注入滑溜液体的多孔表面，全称是 slippery liquid-infused porous surfaces，缩写 SLIPS 恰好是"滑倒"的意思。

会使涂料变得超级顺滑，而且更重要的是，它不会把任何东西浸到水生环境中，它只是使生物体更难附着在船底。2020年，新加坡一个研究小组对该涂料进行了为期数月的现场测试，表明这种涂料能够"在很大程度上阻止最具侵略性的海洋污损生物之一——海洋贻贝的定居，并削弱它们的界面黏附强度"。

人们也曾多次尝试通过用表面结构来控制流体流动，使船体更顺滑。一种通常与水流平行排列的、被称为"减阻沟纹"的肋型棘突已经在实验和理论两方面得到研究。其中许多研究发现，在船只等坚硬物体上，减阻沟纹确实可以减少阻力，最多可达7%。

博迪尔·霍尔斯特（Bodil Holst）教授的方法是用微观"薄饼"来制造滑溜的表面。霍尔斯特的表面实验最初是在玻璃等光学透明材料上进行的，通过在短圆形结构之间引导**水**来排斥**油**。"薄饼能让一个动态的水层在表面稳定流动，"她在卑尔根大学办公室里向我解释，"因为有水存在，而且油和水不混合，所以油和其他海洋生物身上常见的天然聚合物不会附着在表面。"霍尔斯特将她尝试这种自我清洁方法的决定描述为"纯粹的实用主义。我们觉得薄饼比高大的柱子更容易制作，就像一根短粉笔比一根长粉笔更坚固，更不易折断。流动效果的大小是一个额外的收获"。2017年，她的团队在一台通常需要每周清洗一次的海上水位传感器上安装了一扇带薄饼结构的窗户。一年后，它仍然一尘不染，这促使霍尔斯特为这些微结构提出专利申请。尽管如此，她对该技术的潜力仍然持谨慎态度。"我们仍然有很多工作要做。我不确定生物污损的治理是否会成为未来的发展方向。一旦把生物牵涉进来，一切都将变得不可预测！我们正在探索其他方向，比如防冰表面——毕竟这里是挪威。"她笑着说。

另一个在航运业引起人们极大兴趣的想法是空气润滑——使用一层气泡来减少船体经受的阻力。它之所以有效，是因为跟海水相比，空气的黏性只相当于其一个零头（约1.6%）。因此，船只凭借该方法可以航行得更高效。这个概念并不新鲜。目前市场上已经有好几款商用空气润滑系统，它们被应用在各类船只上，从散装货轮到游轮。现有的这些系统在设计上略有差异，但它们都依赖于从船底不断吹出的气泡。气泡层附着在船体上的时间越长，降阻的潜力就越大。但在波涛汹涌的海洋中，维持该空气层的位置是一个巨大的挑战。

图9　槐叶萍（蕨类植物）具有令人难以置信的防水性，每根表层茸毛顶端微小的拂尘状结构赋予了它这种特性

　　事实上，有一种植物说不定能帮助人们解决这个问题。它就是槐叶萍（*Salvinia*）。这是一种蕨类植物，一生都漂浮在水面上。这种蕨类植物主要分布在热带地区，被恰如其分地视为一种入侵性杂草。它生长迅速，能够形成厚实而宽广的垫子，会堵住缓慢流动的水道。如果不加以控制，它就会对水生生态系统造成不可修复的破坏。但是，仅从表面科学角度来看，槐叶萍是很迷人的。我第一次听说它是在电台的一期访谈节目中，当时他们采访的对象是物理学家托马斯·施梅尔（Thomas Schimmel）。节目结束后，我立即下载了他的几篇论文。早在2010年，施梅尔就曾与威尔海姆·巴斯洛特教授——前文中那个首次描述荷花效应的植物学家（见第1章）一起工作。但这一次，他的研究对象是槐叶萍，研究小组想知道这种植物是如何如此有效地保留空气的。

　　槐叶萍的叶片上覆盖着密密麻麻的茸毛，每根长约2毫米。如果将其放大一点，你会发现这些茸毛相当复杂——在靠近顶部的地方，每根茸毛都分出四个叉，然后在顶部再次相遇。任何熟悉烘焙的人都会告诉你，它们看起来非常像微型打蛋器（见图9）。

除了每根茸毛顶端的特殊结构，槐叶萍的叶片上还覆盖着蜡质晶体，这不仅形成了纳米级的粗糙度，还使叶子具有超级疏水性。研究人员推断，通过"强烈地排斥水"这一特性，槐叶萍在其浓密的毛须森林内部和周围有效地创造了自己的气垫。这就是为什么它的叶子能保持干燥，哪怕被淹没在水中数周。巴斯洛特、施梅尔和他们的同事开始在一系列其他材料中复制这些特征。但是每一次空气层都只能在原地停留几分钟。一次又一次，他们的人造叶子从水箱中浮现时，都会被水浸湿。直到那时，他们才意识到他们并没有搞清楚事情的全部状况。

虽然叶子的大部分位置都排斥水，但每根茸毛的非蜡质顶端在拼命吸水。这些微小的亲水斑块积极地把水固定在适当位置，并将空气困在下面。就像施梅尔在采访中解释的："茸毛支撑着一层空气，就像帐篷的支柱支撑着整个帐篷一样……空气不能出去，因为水被'粘在'了茸毛的末端，但是水也不能进一步渗透，因为茸毛的其他部分排斥水。"这种双管齐下——疏水排斥和亲水吸引之间的平衡，是水和空气之间保持界面稳定的原因。这才是创造一个永久存在而不是须臾而逝的空气层的关键。

这种如今所谓的"槐叶萍效应"可以用来制造一些几乎无法想象的东西——永远不会湿的船。它们永久的、具有保护作用的空气涂层在船只静止时将有助于最大限度地减少生物污损，并在船只航行时减少表面摩擦。尽管有提升速度的潜力，但有一个领域我们不太可能看到空气涂层，那就是游艇比赛。新西兰酋长队的丹·贝纳斯科尼（Dan Bernasconi）告诉我："严禁使用可以减少摩擦的涂层。"[1]

---

① 2020 年赛艇的级别规则只规定了 7 种标准涂料，所有竞争者都必须择其一。

不过，这种涂料或许可以在更广泛的船舶世界中找到它的用途：帮助邮轮、油轮和集装箱船变得更顺滑。在当前阶段，很难说它们有多实用。巴斯洛特和施梅尔与世界各地许多研究小组一样，仍在研究这个问题。在我撰写本书时，施梅尔正与全球著名涂料生产商PPG集团合作开展一个由欧盟资助的大型项目，名为"空气涂料"（AIRCOAT）。2019年，巴斯洛特发表了几篇关于疏水性"空气保持网格结构"的论文，他说这种技术可以提高商用空气润滑系统的效率。这两个想法都有一定的可行性，科学原理也很扎实，但一切似乎都还处于"研—发"这个标尺的"研"那一端。

有一件事是肯定的：潜在的收益是巨大的。世界贸易的90%都是通过海上进行的。如果这些（或其他）新涂料能减少阻力，航运公司不仅可以节省每年数百万吨的燃料，还可以减少温室气体的排放。这是一个双赢策略，对吧？但不幸的是，和许多关于气候变化的争论一样，绊脚石可能是所有权，而不是缺乏技术解决方案。正如两位全球研究专家在2018年解释新闻网（The Conversation）上的一篇专栏文章中写道："各国政府在很大程度上忽视了国际航运的二氧化碳排放……这是一个真正的问题，因为如果没有国家对废气排放负责，也就没有政府会试图减少废气排放。"个别公司，如马士基航运公司，虽然已经承诺将削减其碳排放，但他们并没有给出任何一点关于他们计划如何做的细节。2018年，马士基首席运营官索伦·托夫特（Soren Toft）在接受美国有线电视新闻网（CNN）采访时说："我们需要找到新的技术和新的创新方式，以便从根本上提供高效的船舶。"超滑涂料可能是这个问题的答案吗？我免费送你一个，航运业。接下来，就请与一些科学家谈谈。

第4章

御风翱翔

在地球上，无论你走到哪里，你都被一种流体包裹着。尤其是当深处水下时，你会对这一事实有更明显的感知，哪怕穿着全覆盖的高科技泳衣，你也能感受到自己的身体和周围水分子之间的相互作用。正如我们在上一章中所发现的，在水对水下物体施加的力当中，有一些是支撑性的——有助于漂浮，还有一些是抵抗运动的，哪怕是最快的游泳者也会受到其干扰。空气也能施加类似的力，不过它们远没有水那么明显，特别是如果你只是一个在陆地上游荡的普通人。部分原因是空气这种流体的密度比水的小得多——1升水所含的反应分子数大约是1升空气的1000倍。^①在给定体积内，某种流体包含的反应分子数越少，它造成的阻力就越小，物体也就更容易从中通过。因此在这个意义上，我们可以认为空气比水更柔滑。不过，克服空气阻力仍然是有代价的，我们每做一个动作都要为之付出相应的代价。例如，每次你从椅子上站起来、抬起手臂或者转头，你都会把数十亿空气分子撞开。这样做是需要能量的。

在20世纪70年代的两项著名研究中，4名男子（1名运动员和3名习惯于长时间体力消耗的非运动员）分别在风洞内和室外跑步机上进行了一系列步行和跑步测试。该研究由生理学家、登山家格里菲斯·匹尤（Griffith Pugh）博士主导，目的是更好地理解空气阻力和体力消耗之间的关系。^②他希望量化在空气中穿行时所消耗的能量。匹尤的方法是间接性的：通过测量每个受试者在执行任务时消耗的氧气量来估测其消耗的能量。结果发现，无论你是走还是跑，在逆风中前进确实更费力。一名受试者以4.5千米/时的

---

① 1000这个倍数是根据空气和水的密度值（在15 ℃的海平面上分别为1.225千克／立方米和999千克／立方米）得出的。通过比较每升流体的反应分子数，你可以得到同样的结果，水的反应分子数约为10^{25}，空气的反应分子数为10^{22}。

② 匹尤过着令人神往的生活。1953年，作为首席科学家，他助力人类首次成功登顶珠穆朗玛峰。他关于寒冷和海拔对人体影响的研究继续改变着高海拔登山运动，从登山服和设备的设计到登山者的饮食和液体摄入，方方面面都受到匹尤研究的影响。

恒定速度行走，他在面对强风（约 66.7 千米/时）时消耗的氧气量几乎是在无风条件下以这一速度行走的 3 倍。对于无风条件下的户外跑步，匹尤总结道，克服空气阻力的能量成本也许占马拉松运动员总能量输出的 8%，而短距离冲刺者的这一比例则高达 13%。尽管后来的研究降低了这些比例（马拉松跑的比例降至 2%，短跑的比例降为 7.8%），但没有改变核心的问题。哪怕空气极其稀薄，它也会对物体产生阻力。

这种力量的影响是可测量的，也是不可避免的，它们塑造了我们周围大部分世界的演变和设计。现在是时候探讨一下空气动力学了。

阻力

空气与固体物体接触的任何地方都可能出现空气阻力。它们之间还需要有一个速度差。具体情况可以是物体在静止的空气中运动（如在无风环境中抛出的球）、空气流过静止的物体（如风吹过所有固定在地上的物体），或者空气和物体都在运动（如在逆风中开车）。哪一个在运动并不重要，只要有相对运动，就会有阻力。

你应该已经预料到，空气阻力与拖累游泳者、鲨鱼和船只的流体动力阻力有很多共同之处。首先，它往往会随着速度的增加而增加。你在空气中移动得越快，你受到的阻力也就越大。它也可以分为各种类型，包括形状（或压力）阻力和表面摩擦。但关于我们对阻力的理解，这里还需要补充一些细节——它们大多与流体有关。让我们从**动力黏度**（η）说起，它定义了流体对流动的抗拒程度。实际上，它是对流体内部摩擦力及其分子内聚程度的衡量。它的值越高，流体就越不容易流动。我们最常使用黏度来描述流体的黏性。例如，橄榄油的黏度是水的80倍。再往上，你会发现还有更加黏稠的流体，如蜂蜜（高达水的10000倍）和番茄酱（高达20000倍）。像空气这样的气体也是有黏度的，其数值比流体低，但可能没有你想象的那么低。水和橄榄油的黏度差要比水和空气的黏度差更大。[①]

黏度在产生阻力方面起到主要作用的地方恰巧是流体和固体的交接处。想象一下，在强劲的风中，我们在地上放一个箱子。当空气经过时，由于摩擦，离盒子表面最近的分子会粘在上面。因此，它们的速度是零，与盒子的速度一样。离盒子表面稍远一些的分子在运动，不过速度有限，因为它们会与这些静止的分子相撞。你可以把这想象成你在一群一动不动的人当中挤来挤去——无论你多么灵活，你的速度都会被拖慢。我们离表面（或人群）越远，那些被卡住的分子（或人）对整个气流的影响就越小。最终，一旦你离表面足够远，你将会到达一个所有空气分子都以相同速度移动的位置，这被称为"自由流速度"。空气速度从零增加到任意自由流速度的那一层被称为**"边界层"**。正是这一层内分子的行为决定了阻力。

有两种主要方式可以描述这种流体流动。如果分子以一种有序的方式平稳并行，没有任何混合，那么这个边界层就是**层流**。层流可以被描述为"表现良好"，但它只能在有限的条件下出现，因此极不稳定，在自然界相对罕见。你更有可能看到的是**湍流**，里面分布着快速混合的流体旋涡（叫作"涡流"）。与层流相比，湍流是杂乱无章、不可预测的一团乱麻……我所说的"不可预测"是真话。没有基本的数学理论可以完美描述涡流的特性，也没有普遍认可的定义。[②]当然，这并没有阻止科学家和工程师研究它，因为它会影响到他们使用的工具。通常情况下，对湍流的理解涉及统计学、概率学

[①] 这是基于两种流体在15 ℃和1个标准大气压下得出的数值，水和空气的黏度分别为890微帕斯卡·秒和18微帕斯卡·秒——约50倍的差异。

[②] 19世纪20年代提出的纳维尔－斯托克斯方程被广泛用于模拟流体流动，但由于没有数学证明，我们不能说它们总是有效。有人设立了100万美元奖金，用来奖励能够用数学理论描述湍流的人。

的相关原理，以及大群分子的平均活动行为。从实践角度来看，这种方法非常有效，使人类设计出了以难以想象的速度运行的系统（后面会有更多介绍），但从数学角度来看，湍流仍然是一个极其复杂的课题。

层流和湍流可以（而且确实）并存，这两种状态之间的转换是流体力学的核心原则。对于任何给定的流体流动，这个临界点可以通过雷诺数 Re 来预测。雷诺数是以其提出者、英国力学家奥斯本·雷诺（Osborne Reynolds）的名字命名的，是流动的惯性力（保持运动的趋势）与黏滞力（黏性）的比率。通常被写成下面这样：

$$Re = \frac{\rho v L}{\eta}$$

其中 ρ 是流体的密度，v 是流速，L 是距离或者长度，η 是流体的动力黏度。这个等式告诉我们，当黏滞力占主导地位时，雷诺数很低，通常发生在流体有一个高 η 值，或者它正在缓慢移动（低 v）时。这会产生平滑的片状层流。如果惯性力占主导地位，例如，当流体具有较高的速度或者非常低的黏度时，雷诺数会较高，并产生湍流。

但是这个简单的等式还告诉了我们另一些重要的东西：加速任何黏度的流体（增加 v），都会导致雷诺数升高。换句话说，仅仅是加速一个流体就足以使其从层流（低雷诺数）转变为湍流（高雷诺数）。我们在现实世界中经常能看到这种情况。以瀑布为例，它的上游是层流，水流清澈流畅，但再往下，随着水流被重力加速，无序的混乱湍流就开始了。同样，从一支点燃的香烟中升起的烟雾最初以狭窄、垂直的路径上升，之后在烟头上方几厘米处变为混乱一团。

流体中发生湍流时的雷诺数并非恒定，这取决于流体流动的位置。如果是在一个狭窄的管道中，当雷诺数大于2900时，边界层将从层流变为湍流。而对于我们前面所说的微风中的盒子，雷诺数可能要达到50000才会进入湍流。雷诺数的美妙之处在于，尽管它很简单，且范围很大，但它可以用来对任意规模的流体流动进行预测。例如，基于对微缩模型的测量，这个比率可以帮助我们了解一架全尺寸的飞机在飞行中的表现。

在恶劣天气下飞行的飞机上，湍流和阻力之间的关系体现得最为明显。乘客所经历的颠簸反映了流体中正在发生的事。在湍流边界层中，流体运动是动态的、不稳定的——随着分子的混合和旋转，一些速度较快的流体被带到表面附近。这些旋涡紧贴着表面，迅速增加了表面的摩擦阻力。这就是为什么湍流边界层对空气动力学家来说是噩梦——它们的存在导致了明显高于层流边界层的阻力。正如我们即将发现的那样，追求让物体在空气中移动得更快，实际上就是要把湍流保持在最低限度，或者至少推迟层流向湍流的过渡，直到它离你宝贵的表面尽可能远。哪怕最微小的障碍物——几粒灰尘、一个划痕或凹痕，也足以将层流转变为湍流，大幅增加该物体受到的阻力。这也是为什么航空公司和卡车运输公司时刻保持他们的载运工具清洁和光滑，因为不这样做的成本很快将体现在他们的燃料账单上。

不过，一位英国工程师在20世纪初证明了，当涉及飞行时，粗糙并不总是一件坏事。

球类

不管你参考的是互联网上哪一个可疑的列表，世界上所有（或者大多数）最受欢迎的运动都涉及踢、打、扔或接某种球。这些运动的熟练选手已经对空气动力学有了本能而深刻的理解，无论他们自己有没有意识到。他们知道如何让球按照他们的意愿行事。例如，投球手在将板球扔给击球线上的击球员之前，会在自己腿上摩擦它的一侧。大满贯得主通过控制手中球拍的位置，让网球**刚好擦过**球网。中场球员明确地知道该用脚踢足球的哪个位置，以便让它在对方守门员够不到的地方绕行。在这些时刻，每个球员都做出了主动改变球在空中运动方式的决定。他们"诱导"边界层，"玩弄"湍流，操纵复杂的表面相互作用，以图获胜。但他们并不是单独行动的——球也可以对自身的运动方式产生作用。

以高尔夫为例，这项运动至少在15世纪初就已经存在，现在每年有数千万人在玩。直到20世纪初，高尔夫运动方面的改进多半都集中在球的材料上。由于其出色的飞行特性，羽毛皮革球——一种塞满鹅毛的缝制皮革球，在300多年的时间里一直被作为标准用球使用。然而，首次推动这项运动普及的是古塔胶球（gutta-percha），由一种类似橡胶的化合物制成。[①]古塔胶球比羽毛皮革球更便宜、更容易制作，也更坚固。这种球不会吸收水分，而且飞得更远。无论球的材质是皮革的还是橡胶的，早期的制造商都相信一件事——打造光滑的表面是球长距离飞行的关键。然而，球员对这一观点开始产生怀疑，他们发现表面坑坑洼洼的旧古塔胶球往往比崭新的古塔胶球飞得更远。效果太明显了，以至于球员们开始故意破坏他们的古塔胶球。制造商不得不对此做出反应，1890年，表面有纹理的高尔夫球上市。最流行的图案是一系列使球看起来有点像黑莓的凸起，但这种图案背后并没有什么坚实的科学依据。

这时来自英国莱斯特的精密工程师、休闲高尔夫爱好者威廉·泰勒（William Taylor）登场了。泰勒对制造商在高尔夫球设计方面采取的草率做法感到失望，便开始亲自做实验。他首先建造了一个小型风洞：一个带玻璃

---

① 几个世纪以来，古塔胶球被人们广泛运用到各领域。最早使用它的是马来人。古塔胶球是从与它同名的树中提取的汁液制成的。它是热塑性的，也就是说，它在一定温度以上非常柔韧，但冷却后坚硬。

面的腔室，在里面可以以不同速度将烟雾吹到有图案的球面上。通过观察烟雾在每个表面的表现，他可以确定适宜飞行的最佳方案。他最终得出了什么结论呢？原来一个布满凹坑的球，或者说印着颠倒黑莓图案的球，可以提供最好的性能。泰勒在他1908年获得的专利中写道："这些凹痕在平面上必须大体呈圆形，分布均匀，它们必须是浅的。另外，它们的侧面必须陡峭，特别是凹陷的边缘。"今天，所有的高尔夫球都受到了泰勒的影响，每个球的表面都有300～500个浅凹痕。

为了理解这些凹痕的存在如何影响球的空气动力学特性，我们首先需

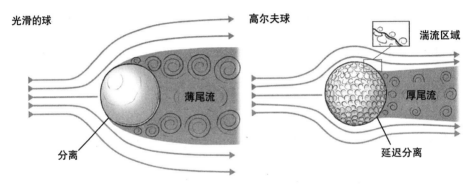

图10　光滑的球和表面带有凹痕的球在空气中的运动方式非常不同，这是由在它们外表面形成的湍流区域的大小和形状决定的

要考虑飞行中的光滑球。正如我们已经了解到的，如果你想维持层流边界层，光滑的表面会有帮助。就像前文风中的静态盒子一样，层流中存在表面摩擦，但相对较小，这意味着阻力也应该很小。若只论这些，光滑球应该会动若脱兔。但表面摩擦并不是运动中的球受到的唯一阻力。由于球在飞行过程中会受到数十亿空气分子的撞击，所以球的前面也有一个压力的积累。在这个高压区，一些粒子是静止的。为了附着在表面，流动的空气会沿着该区域的轮廓移动，并在球的前半部分形成一个非常薄的层流边界层。但在球尾部附近的某个地方，情况发生了变化。边界层的增厚与加速的空气分子相

结合，导致气流突然脱离表面，并产生一个尾流——球后方的一个湍流低压区，对球有拖滞作用。

这种边界层分离就是**压力（或形状）阻力**的来源。由于它与物体的形状有关，所以对像箱子这样的平坦表面来说，它在很大程度上可以忽略，但它是运动中球所承受的主要阻力形式。尾流也有助于确定物体的空气动力学规模——低压区越大，一个球在空气中"看起来"越大，（压力）阻力也就越大。

表面上的浅凹痕就像一系列小瑕疵。在标准时速下，它们的存在对球前方的气流没有实际影响（基本上是层流）。但空气分子不再在尾端分离，而是在凹陷处被扰乱，使边界层变成湍流。这增加了表面的摩擦力，帮助小团空气在球周围流动时在表面上停留更长时间。凹陷表面有效地延迟了边界层的分离，产生了更小的尾流，并大幅减小了压力阻力——足以弥补表面摩擦力的轻微增加（见图10）。

当泰勒建立他的烟雾室时，他要寻找的正是这些湍流涡流的存在和位置。他意识到，它们出现在球后方的位置越远，整体阻力就越小。凹痕的大小、形状、深度和位置都对阻力有影响，但总的来说，带凹痕的球受到的阻力大约是相同大小光滑球的一半，这意味着它的飞行距离是后者的2倍。所有这些都表明，有时精心设计的粗糙表面比丝滑表面更有用。

当球一边飞行一边旋转时，体育运动在空气动力学层面变得更加有趣

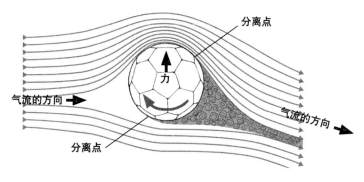

图11　马格努斯效应解释了为什么踢出的足球会"绕弯"

了。就像前面所探讨的一样，球的前面有一个高压区，后面有一个低压区，表面上有湍流和层流边界层的混合。但是当加入旋转运动时，空气分子的"滞留"层就会沿着表面被拖动。因此，如果球是以后旋方式被抛出的——从侧面看是顺时针旋转，球顶部的边界层与气流的运动方向相同。这使得空气在表面上停留的时间更长，并将气流分离的位置向球背面转移。在底部，边界层的运动方向与气流相反，导致它几乎立即与表面分离，非常接近后端。这些分离点的不对称性意味着大部分气流被向下偏转了。由于这对球施加了一个大小相等，但方向相反的力（感谢牛顿！），球被向上偏转。球转得越快，这个力就越大，偏转幅度也越大。

物体周围的这种不平衡气流造成的结果类似于鸟类和飞机为了飞上天空而利用的升力（后面会详细介绍），但当物体是一个旋转的球时，它被称为"马格努斯效应"——在许多运动中都得到了应用。它也是足球运动员大卫·贝克汉姆（David Beckham）闻名于世的"贝氏弧线"的起源。[①]通过后倾身体，同时用脚内侧前部触击足球中部偏下的位置，他能让球上升并旋转起来，绕过守门员，然后在临近球门时极速下坠，落入球门（见图11）。这种方法的极端版本被称为"香蕉球"，曾被职业球员用来在没有助攻时从角旗处直接破门得分。在网球比赛中，球员经常打出上旋球，与下旋球的旋转方向相反。这就产生了相反的力量，使球朝下转向场地。真正的"旋转大师"其实是乒乓球运动员。他们可以用带纹理和橡胶涂层的球拍对轻飘飘的乒乓球施加大量的上旋、下旋，甚至侧旋的力。[②]

但有两项运动的马格努斯效应得到了极大提升。从表面上看，板球和棒球似乎迥然不同，但它们确实有一些相似之处。它们都是击球运动，其中一

---

① 马格努斯效应是以德国物理学家海因里希·古斯塔夫·马格努斯（Heinrich Gustav Magnus）的名字命名的，他在 1852 年正式描述了这一效应。2002 年上映的电影《像贝克汉姆那样弯转》（*Bend It Like Beckham*）的灵感正是源于贝克汉姆在发任意球时，使球沿着看似不可能的弧线绕过人墙并得分的能力。

② 戴安娜，又名物理女孩，她的 YouTube 频道上有一个介绍反向马格努斯效应的可爱视频。搜索"How smoothness of a soccer ball affects curve"（足球的光滑度如何影响曲线）就可以找到。

方（防守方）将球扔给另一方（击球方），然后在比赛的某个时刻，双方互换角色。它们的总体目标是相同的——在尽量减少失球的同时获得尽可能多的分数。最重要的是，为了达到目的，他们都使用一种有凸起缝线的球。

在一颗顶级的板球上，接缝由六排针脚组成，围绕球的直径将两个皮革半球连接在一起。相比之下，标准棒球由两块"8"字形的皮革缝合而成，并通过"V"字形针脚形成一条弯曲的接缝。在这两种球表面，接缝都比其周围的皮革粗糙得多。

接缝的存在给熟练的投手提供了很多关于空气动力学的选择。通过改变他们的抛球方式——如速度、旋转和接缝位置等方面，他们可以决定球周围的气流有多少是湍流或者层流。在板球运动中，一个主要的专业技巧是摇摆抛球。顾名思义，目标是让球在运动中摆动，或偏向一侧。要做到这一点，投手需要让球不那么对称。投球手不是让接缝直指击球手，而是稍稍倾斜，让它刚好指向中心的左边或右边。[1]从空气角度看，现在球一侧光滑（皮革），一侧粗糙（接缝处）。当球在空中飞行时，粗糙面的边界层在经过接缝处时变得紊乱。空气附着在表面，到球的后部才与之分离。在光滑的那一面，气流仍然是层状的，但它在靠近球前端的位置与表面分离。一个不平衡的气流就产生了，但与马格努斯效应不同的是，这个气流与旋转无关——它完全归因于接缝造成的不对称性。而且因为它发生在球的两侧，而不是球的两头，所以它产生的偏转也是侧向的。一颗全新的球总是朝着接缝所指向的方向摆动。如果·个摇摆球在被投掷时也在旋转，它的轨迹就会结合这两种效应，使击球手更难预测它的路径。

投球手可以时不时地用裤子或者衬衫擦拭板球的一面，从而加强板球的不对称性，这一动作在比赛后期尤为重要。与地面和球棒的频繁撞击意味着

---

[1] 玛丽勒本板球俱乐部——板球规则的管理者，在 2017 年更新了板球比赛的规则，使语言表述更加中立。在男子和女子板球比赛中，字面上偏男性化的"batsman"（击球手）一词仍在使用。然而，2021 年，备受欢迎的板球新闻网站 ESPNcricinfo 宣布，将在其报道中改用"batter"一词。所以，这两个用法都是可以接受的。

板球会随着时间的推移逐渐变得粗糙。为了保持球的摆动能力，投球手需要小心翼翼地维持球的一面光滑，他们的汗水和唾液也有助于球的抛光。虽然这些努力被视为比赛的核心部分，但任何故意使粗糙面变得更粗糙或者划伤它的行为都是被明确禁止的（尽管这并没有阻止一些球队尝试）。[①]

在棒球运动中，最有趣的投球方式是指节球。它出了名的难打，从投球手到击球手的路径相对缓慢但不稳定，有时看上去甚至是不可能的。真的，这一切都归结于空气动力学。将旋转保持在最低限度是投掷有效指节球的关键。这听起来也许有点反直觉，因为我们知道大量的旋转会导致强烈的马格努斯效应，但指节球并不是要产生最大的偏转。它的要义是不可预知。投球手想要的是让球在空中飘忽不定。旋转无法实现这一点，但在飞行过程中改变手指间的缝隙可以达到这个效果。

这要从握球方式开始。通常情况下，如果你把棒球握在手心，当你释放它时，你的手指会短暂地沿着它的表面拖动，最终使其旋转。这种额外的后旋可以促进速度提升，但对指节球来说，你会希望球旋转的次数越少越好。为了做到这一点，早期采用该技术的人会用拇指和指关节夹住球——它也因此而得名，或者用指尖捏住球。现在大多数球员将他们的指甲抠进皮革或接缝中。根据悉尼大学物理学家罗德·克罗斯（Rod Cross）几十年来对球的空气动力学研究，指节球在到达击球手的途中通常只旋转 1 ~ 3 次。在飞行过程中，它不断地向空气呈现出略微不同的接缝图案，并改变球粗糙面或光滑面的比例。而由此在球表面形成的层流和湍流的混合气流改变了作用在球上力的大小和方向。在投球手和本垒板之间约 18 米的距离上，这可以使球偏离其预期路径几十厘米。克罗斯的合作者、伊利诺伊大学的艾伦·M. 内森（Alan M. Nathan）说："指节球的不稳定运动，以及偏离直线轨迹，在每一次

---

① 2018 年，在一场对阵南非的广受瞩目的测试赛中，澳大利亚板球队成员试图用砂纸蹭球。队长、副队长与一名资历较浅的球员一起被卷入这场丑闻，全都受到了停赛处分。

投球中都是随机的。"这表明就连指节球专家也不能准确预测球离开他们的手后会飞向何方。在对面等待的击球手又能有什么机会呢?

技巧和训练使这些运动的顶级选手能够利用一系列有趣的空气动力学效应。因此,只需使用球杆、球拍、球棒或篮筐,他们就有可能以超过300千米/时的速度将球推出,这比我最喜欢的超级跑车之一——法拉利Monza SP1的速度还要快。[①]不过在我看来,这还不够快。

马赫

记得第一次在电视上观看由汤姆·沃尔夫(Tom Wolfe)的著作改编而成的史诗级影片《太空先锋》(*The Right Stuff*)时,我才6岁。由于晚间才播放,所以我绝对不是它的目标观众,但我目不转睛地看着,直到困得睁不开眼睛。当妈妈把我抱回床上时,她匆匆答应我可以在其他时间看完这部电影。就在几个星期后,圣诞树下就出现了一盘《太空先锋》的录像带在等着我。这天晚饭后,我跟全家人一起看了它。而且这一次,我一直很清醒,直到片尾的演职员表字幕开始滚动。

《太空先锋》回顾了美国历史上一段长达15年的时光,当时航空事业开始为航天事业让路。电影中充满了对太空探索感兴趣的人所熟悉的名字:约翰·格伦(John Glenn)、艾伦·谢泼德(Alan Shepard)和"水星7号"上的其他宇航员。但真正让我难以忘怀的是另一个故事——试飞员在加利福

---

① 根据吉尼斯世界纪录,"在所有移动球类的运动中,最快的投射速度约为302千米/时",这是在一项名为"回力球"的运动中达到的。它使用一个长而尖的弯曲篮子,戴在手上,以加速一个硬得难以置信的小球撞墙。迄今为止,最快的高尔夫出球速度是349.38千米/时——这发生在一个专门的练习场,而不是在传统的高尔夫比赛中。要知道,法拉利Monza SP1的最高速度才299千米/时。

尼亚沙漠稀薄的空气中竭力应对高速飞机的角力。我迷上了查克·耶格尔（Chuck Yeager），他在飞行工程师杰克·雷德利（Jack Ridley）的帮助下，于1947年10月14日成为第一个突破声障的人。[①]

耶格尔的"亮橙色贝尔X-1"是第一架成功的超声速飞机，但在当时年仅6岁的我看来，它与商业飞机之间只有些许相似之处。好吧，它有机翼，但机翼又短又薄。它是由火箭而不是涡轮发动机驱动的。它也不是从地面起飞，而是从另一架飞机的机腹中被投下。正如我之后所了解的那样，这些特征反映了进入一个全新空气动力学体系所迎来的挑战，以及一点内部政治。

在讨论这些之前，我们先了解几个关键概念，首先是声速。我们可以把声音看作是一种扰动，一种由振动物体产生的能量形式，而我们通常最感兴趣的是这种扰动如何在空气中传播。当物体不管是一个鼓还是一组声带振动时，它会与附近的空气分子相互作用，引发它们以振动作为回应。然后这些分子开始摇晃离它们最近的空气分子，接着是下一批最近的空气分子，以此类推。这种在周围空气中传播的波纹就是我们所说的声波，其速度取决于它所经过的介质。根据声音的基本方程，有两个属性决定了它在材料中的传播速度：弹性（硬度，或者抵抗弹性变形的能力）和密度（一定体积内的粒子数量）。但在像空气这样的气体中，我们最好关注压力、密度以及（最关键的）温度。

气体的压力和密度是成正比的，换句话说，它们以同样的速率增加和减少。高压储存的气体也有很高的密度，因为它的分子被挤到了一起。但是气体密度在很大程度上取决于温度，也就是说，气体的温度越高，其分子四处乱窜的速度越快，扩散得也就越远。这导致了一个相当令人惊讶的结论。在

---

① 度过了致力于将实验飞行器推向极限的一生之后，耶格尔于2020年12月7日辞世（享年97岁），当时我刚刚写完本章几个月。我从来没见过他，但幸运地拥有一本他签名的自传。那是我最珍视的物品之一。

珠穆朗玛峰峰顶测量声速和在海平面上测量声速的结果是一样的……只要这两个地方的温度一样。在这里，两地高度上气压差异的影响被空气密度的变化抵消了。所以，当涉及空气中的声速时，真正重要的是温度。空气温度越高，声音通过它传播的速度就越快，这意味着如果你真的想比声音更快，寻找更冷的温度是个好主意。在查克·耶格尔将自己写进历史书的那一天，他是在距离地面 13 千米的高空飞行，那里的温度可以低至 –56.55 ℃。在那么高的位置，"局部"声速接近 1068 千米/时。低于这个数值的速度被认为是亚声速，而高于这个数值的则是超声速。耶格尔的最高速度达到了 1127 千米/时。在高速空气动力学术语中，这相当于 1.06 马赫，计算方法是用飞机的速度除以"局部"声速。

在《太空先锋》中，相关的情节是扣人心弦和引人入胜的。随着贝尔X–1 飞机仪表盘马赫表上的读数越来越接近难以捕捉的 1.0，飞机开始摇晃和颤抖。到 0.99 马赫时，压力表盘出现裂缝，震动变得剧烈。然后我们突然听到一声巨响回荡在莫哈韦沙漠上空。耶格尔做到了。他实现了超声速飞行。但在 1985 年出版的耶格尔自传中，我们读到的关于这次飞行的空气动力学描述与此略微不同，也更完整。震动并非发生在速度非常接近 1 马赫的时候，而是在较低的速度下——0.88 马赫左右最严重。事实上，他越接近最大速度，飞行就越平稳。耶格尔称，在马赫表上的读数突破 1.0 的那一刻，他感到既欣喜又麻木，还有点不知所措。"在承受了那么多焦虑之后，突破声障反倒风平浪静……我需要一个该死的仪表盘来让我知晓自己做了什么。应该有颠簸才对，让你知道你刚刚在声障上打出了一个漂亮的洞。"[1] 当我向澳大利亚皇家空军中校、试飞员玛莉亚·约凡诺维奇（Marija Jovanovich）询问她第一次突破 1 马赫的经历时，我听到了类似的感慨。"当你坐在飞机上时，你甚至注意不到自己已经超过了声速。地面上的每个人都注意到了，但你自

---

[1]　这段话引自《耶格尔》（*Yeager*，1987 年）一书，第 176—177 页。

己没有。当然，事后我很兴奋，但说实话，那一刻之后就觉得平淡了。"那么，这是怎么回事？穿过这个传说中的障碍物——一个在公众想象中仍然很重要的障碍物的旅程怎么会如此顺利？

声障

这个问题的部分答案是，声障对飞行来说并不是坚硬的物理障碍，更像是空气动力流从一种类型过渡到另一种类型的模糊而复杂的区域。正如最早一代航空工程师所发现的那样，飞机周围空气流动方式的关键变化早在其仪表盘显示1马赫之前就开始了。在第一次世界大战期间，主要由木材和织物制成的双翼飞机几乎没有超过230千米/时的空速，但它们的螺旋桨由于快速旋转和向前运动的结合，穿过空气的速度要快得多，其尖端有时能达到超声速。同一物体不同部分之间的气流差异竟然如此大，这一点令人惊异，但在那些"慢速"飞机身上，各部分气流与速度差异不大。1918年至1920年的一项研究改变了这一切。

通过在一个新的高速风洞中测试不同的机翼截面，即所谓的翼型，工程师证明了当速度超过563千米/时，作用在翼型上的升力猛烈下降，而阻力则陡然上升。像这样的突然变化会使飞机急剧俯冲，而飞行员可能无法纠正。同一次实验表明，机翼越薄，在遭受同样的命运之前可以达到的速度就越高。这项研究和随后的几项研究使工程师们得出结论，长期以来，他们在运算中一直（想当然地）认为不可压缩的空气，在高速情况下表现得非常不同。如果一架飞机的速度足够快，它在空气中的运动就可以压缩气体，主动改变其密度。这似乎是一个相当小众的结论，但空气的不可压缩性——空气会滑过物体而不是堆积在其边缘的理念，几十年来一直是空气动力学的一个关键假设。当人们领悟到它并不总是有效时，超声速飞行的大门随之打开，因为一旦它得到充分的理解和测量，人们就可以围绕它展开设计了。到 20世纪 30 年代初，得益于发动机设计的改进，可以达到 644 千米/时的飞机已经在制造中。理解（和抵消）可压缩性的影响不再只是学术圈的兴趣所在，而是成了迫切需要回答的问题。

首先要确定的是**为什么会发生这些变化**。机翼表面发生了什么物理变化，会导致它突然从天空中掉下来？兰利研究中心（美国国家航空航天局下属的研究机构之一）的一组工程师开始认真研究这种气流的破坏。纹影摄影术——一种新颖的成像技术，可以突出空气在物体周围流动时密度的微小变化，揭示了这个秘密。当他们把一个翼型放在高速但仍然是亚声速的气流中时，可以看到在其顶部表面形成了一个冲击波，位于前缘向后一半的位置上，几乎直接指向上方。在它的前面，边界层流动似乎是层流，但在它后面，流动是湍流。随着空速的增大，机翼底部也形成了一个冲击波，而且两个冲击波都在变大并向后移动。机翼后面的分离湍流区域也变得越来越大（见图 12）。

工程师们确定，这些冲击波导致气流灾难性地从翼型上分离。这不仅解释了阻力的大幅升高，还解释了升力的降低。当空气分子遇到翼型时，它们被加速越过其流线型的顶部。在低速情况下，这种加速就是升力的来源。但在这次测试中，当空速超过 0.6 马赫时，其中一些空气分子被加速到超声速，通过与其他空气分子碰撞，它们引起了局部空气密度的急剧变化，也就是冲击波。它的存在证明了飞机不必达到超声速就会受到空气可压缩性的影响。

这种情况被称为**"跨声速"**，即在速度低于 1 马赫的飞行物体上形成了

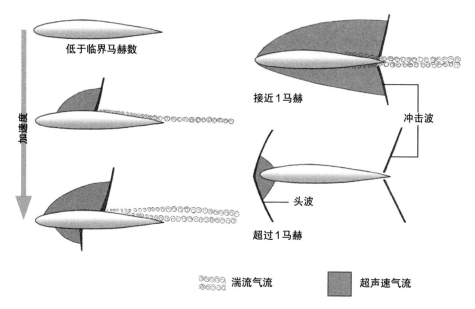

图12　当飞机的飞行速度接近局部声速时，冲击波形成并沿机翼表面移动

一些局部的超声速流动区域。对一架完整的飞机来说，它可以从大约0.75马赫开始出现。玛莉亚·约凡诺维奇在一个秘密基地对我说：

当我想到跨声速系统时，我认为能够概括其特性的词是"不稳定"。这种不稳定性源自一堆在飞机上奇怪位置形成的冲击波——局部流动进入超声速的区域，可能是发动机进气口、尾翼前缘、飞行控制铰链线等。在一架不是为超声速飞行而设计的飞机上，这些位置形成的冲击可能会导致其突然失控。①

跨声速的不稳定性及其产生的造波阻力，是"声障"这一概念的真正来源。在低速情况下，我们知道阻力与速度的平方成正比，但当达到兰利风洞中的速度时，这种关系就会发生巨大的变化。阻力仿佛增加到了无穷大，

---

① 玛莉亚·约凡诺维奇确实很懂行。她接受试飞员培训的地方是爱德华兹空军基地，查克·耶格尔正是在那里测试了贝尔 X-1。你能想象我和她谈话时有多兴奋吗？

"就像一个阻止速度进一步提升的障碍"①。得益于军方开展的武器研究，人们对远远超过1马赫的气流也有了一些了解。但在这两者之间存在一个知识空白区（除了在风洞中可以达到的速度之外），唯一能填补这一空白的是一架实验飞机。

设计

贝尔X–1并不是完美的超声速飞行器，作为兰利和美国陆军的合作项目之一，它是一节与妥协相关的课程。对兰利公司的工程师来说，贝尔X–1研究项目的目标是收集数据，以便更透彻地了解跨声速系统。但对军方的工程师来说，他们的主要目标是超声速飞行——证明声障是可以克服的。最终，两个目标都被这架飞机成功实现了。贝尔X–1上装满了传感器等仪器，旨在为其提供探索未知世界的最佳机会。它的流线外形是基于已被证明在超声速下稳定的机枪子弹而设计的。它的机翼相对短、直、薄。水平尾翼比机翼高，以避免它处于湍流中遭受任何风险，并且还可以向上和向下偏转，以便在高速运行时提供更多稳定性。它的重量被控制得尽可能低，推进系统是一个多腔室高功率火箭发动机。正如约凡诺维奇解释道："这个强大的发动机特别重要，工程师很早就意识到，如果他们想克服阻力的这种陡增，他们需要获得足够的推力，以冲破它。"

在49次飞行中，这个橙色的飞行实验室有条不紊地接受了一步步考验。

---

① 1935年，英国空气动力学家威廉·希尔顿（W. F. Hilton）在接受新闻记者采访时说了这句话。随后的媒体报道将他所说的话表述为"声障"，这也许就是这个词的起源。

在第50次飞行中，耶格尔的飞机进入了跨声速状态。随着多个冲击波开始在机翼和其他边缘形成，阻力增加，飞机马赫表盘上的读数颤抖着通过0.88。他调整了尾翼，火箭发动机继续推动，将冲击波推向机翼后缘。在接近1马赫时，飞行开始变得平稳。工程师们后来了解到，这是冲击波在机翼后缘结合造成的——这减少了气流分离，降低了作用于机翼的阻力。平稳性在持续，这要归功于另一个正在形成的冲击波（被称为"头波"），就位于机头前方，但耶格尔并不知道它的存在。在足够高的速度下，这个弓形冲击波突然附着在尖锐的机头上，在飞机周围形成一个不断扩大的圆锥体，稳定了周围的气流。在这一时刻，贝尔X-1周围的气流都变成了超声速。在地面上，当锥形压缩空气横扫大漠时，人们听到了一声巨响——那可能是人类有史以来的第一次。

随着贝尔X-1的每一次飞行，飞行员和工程师对"鲜为人知的"领域有了更多了解，进而不断升级这款飞机及其后续机型的设计。调整机翼的角度，使其向后指向机尾，而不是从机身中直直地伸出来，这样做延迟了局部冲击波的形成，使飞机能够安全地达到更高的速度。确保飞机的横截面积沿其长度方向的变化是渐进式的，有助于减少造波阻力。虽然这些设计最初都是针对实验飞机的，但它们的遗产仍然被今天的商业航空公司所继承，就像约凡诺维奇所解释的："所有飞机都在跨声速系统中飞行。机翼中的掠翼设计和遵循面积规则的机身都是为了抵消增加的阻力而采取的措施。"现在人们对跨声速飞行已经有了充分理解，2018年，客机安全完成了44亿次飞行。超声速飞机不再只停留在实验阶段，几个主要的飞机制造商都生产了自己的型号，但它们目前在很大程度上都是供军队使用的。一些私营公司迫切地想要改变这一现状。协和式飞机曾经在大西洋上空的巡航速度达到2.04马赫。受其启发，私营公司打算为富有的商务旅行者开发新的超声速飞机。不过，人们对这种服务的渴望有没有超过运营这种服务的巨大财政和环境成本，还有待考察。

正如电影《太空先锋》中所展示的那样，在 1 马赫和 2 马赫之外还有许多挑战。只有克服了这些挑战，人类才得以到达地球大气层之外并安全返回。但是，纵然在推力和阻力方面已然掌握了丰富的知识，如果不首先学会如何处理热量，我们也无法做到这一点。

界面

对在那么高的高度飞行的高速飞机来说，极端加热是一个问题，而这一点并非显而易见。毕竟，在海平面以上 20 千米的高度，气温会降至 –50 ℃以下。但在飞机表面，在边界层内，情况远远称不上寒冷。我们知道，黏附在任何运动物体表面的空气分子会不断受到更远处气流中更快速分子的轰击，这就是表面摩擦的来源。在像空气这样的低黏度流体中，这种相互作用之混乱和易变也许会令人难以置信，而且随着空气速度的增加，由此产生的阻力也在增加。"表面摩擦与速度的平方成正比，所以飞机飞得越快，它就越占据主导地位。"新南威尔士大学的安德鲁·尼利（Andrew Neely）教授说。当快速飞行的飞机周围亿万颗空气分子相互撞击时，它们会交换动能，就好像一个被准确击出的斯诺克球撞散了其他球。尼利接着说："这些能量不能就这么消失——它必须有个去处。因此，它表现为热。"

摩擦和加热之间的关联是表面科学中最具影响力的伙伴关系之一，我们将在后面章节中进一步探讨。正如航空工程师普里扬卡·窦佩得（Priyanka Dhopade）博士告诉我的那样，对高速飞机来说，这意味着"你不能再把物体表面的气流和热传导这两方面的东西分开考虑了。比起考虑空气动力学，你需要开始考虑**空气热力学**"。材料的选择变得至关重要。在巡航速度和高度上，协和式飞机机身后部的表面温度为91 ℃，机翼前缘的表面温度可达105 ℃。毫不意外的是，机头是飞机上最热的部分，在飞行中可以达到127 ℃。因此，找到一组既能在如此高温度下保持强度，又能将质量保持在最低水平的材料是一个非常大的挑战。最后，它的机身大部分是用一种特殊设计的铝合金制成的，其中含有少量的铜、镁、铁、镍、硅和钛。更快的飞机，如飞行速度为3.2马赫的SR-71黑鸟，其外壳使用了一种钛与高分子材料的混合物。但美国国家航空航天局的火箭动力飞行器X-15A-2则完全是另一码事。1967年，它的最高速度达到6.7马赫，相当于8208千米/时。凭借它，航空航天业迈入了高超声速阶段。

身在堪培拉的尼利告诉我：

> 从超声速到高超声速的转换没有一个确切的点——没有突然出现的冲击波。名义上，它发生在5马赫，但过渡相当缓慢。两者之间的区别之一是加热的极端重要性。在高超声速下，表面摩擦绝对至关重要，它可以占到飞机受到总阻力的一半。将你的飞行器设计得足够坚固，以承受随之而来的结构传热，这是一个巨大的挑战。

X-15A-2的设计团队猜测，在最大速度下，机身某些部分的表面温度有可能接近650 ℃，足以熔化铝。一种名为"Inconel-X 750"的新型耐热镍基合金被用于铸成机身的主体。它提供了大部分的热性能，并使飞机呈现出引人注目的枪支金属色外观。为了实现最高速度的飞行，又增加了两个涂层：一是粉红色的烧蚀材料——作为牺牲性的保护层，在空气动力摩擦的作用下逐渐从表面脱落；二是白色的密封涂料，覆盖在前者上面，防止烧蚀材料与为火箭发动机提供动力的液氧发生反应。这种材料组合作为飞机的热保护系统，使飞行员皮特·奈特（Pete Knight）能够以破纪录的6.7马赫的速度飞行并安全降落。但奈特的X–15A–2仍然有许多高速摩擦加热的伤痕——刹车和方向舵被严重烧焦，而且更严重的是，机翼下方垂直稳定器的一部分被完全烧毁。

这架飞机可能永远不会再飞了，但它的开发指导了随后蓬勃发展的美国太空计划。在众多成果中，它首次实现了对高超声速表面摩擦的直接测量，并发现了局部"热点"。飞行控制和稳定性、空气动力学设计和热屏蔽系统，以及高超声速飞行对人体影响的重要数据，全都来自该计划。我认为，这样说一点也不为过：将宇航员送上月球的"阿波罗计划"、30年来将人类送上地球轨道的航天飞机，以及让我们得以一瞥其他世界的行星着陆器，在科学方面都受益于X–15A–2。不过就连它的最高速度也仍不足以揭开高超声速飞行的所有奥秘。这一荣誉属于钝头体再入飞行器，它们在从轨道下降的过程中猛烈地撞击大气层。

在太空中，阻力并不是一个问题。真空环境意味着航天器在飞行过程中不会遇到任何阻力，使它们能够达到难以想象的高速度。[1]正如你想象的那样，一旦航天器想要降落在某个星球，情况就会发生变化。航天飞机进入大气层时的起始下降速度约为25马赫，而阿波罗太空舱的速度则超过了30马赫。因此，再入飞行器不是试图最小化阻力，而是需要最大限度地提高阻力，利用阻力减速。粗钝的形状提高了压力阻力，如同窦佩得解释的那样，它还有另一个好处："在钝头物体上形成的弓形冲击波并不像在尖利的物体上那样附着在它上面。这里的弓形冲击波位于前面，像盾牌一样阻挡着气流。"

尼利对这一看法表示赞同，并说："冲击波对表面而言越垂直，它升

---

[1]　在撰写本书时，帕克太阳探测器的最高速度已经达到244226英里／时，相当于109.2千米／秒。

温的幅度就越大。因此，有一个很好的对峙冲击波能使最热的气团远离运载器。"

即便如此，隔热罩上的温度仍然很高，就航天飞机而言，接近 1650 ℃。在这样的温度下，空气变得有点难以预测。"我们不能再把空气当作理想气体，也就是压力、温度和密度之间有着简单关系的那种，"窦佩得说，"在高超声速下，它的化学成分发生了变化。"

空气的主要成分——氮和氧，都是双原子，这意味着它们通常成对活动（N_2 和 O_2）。但在航天飞机重返大气层过程的特有温度下，这些成对原子之间的键在一种叫作"解离"的过程中断裂，并在飞行器表面附近留下一团高活性的原子。对阿波罗太空舱更高的重入速度来说，这种化学反应更加剧烈。"你开始正儿八经地把电子从原子中剥离，然后把飞行器周围的气体变成一个部分电离的等离子体鞘层，暂时屏蔽飞行器与外界的所有通信。"尼利说。这种之前被称为空气的气体将热保护系统推向了极限。这意味着它们的设计不能只考虑极端加热，还需要应对其表面发生的反应。超高速飞行不仅与物理学有关，也与化学有关。

对需要穿越行星大气层的航天器来说，烧蚀材料仍然是最受欢迎的选择。它们分层附着在飞行器表面，并且在极端温度下会发生分解。当它们燃烧殆尽时，它们会带走热量，从而保护下面的结构。最近的火星登陆器都使用了一种叫作"PICA"（酚醛浸渍碳烧蚀剂）的材料，以便在富含二氧化碳的大气中留存下来，不过其他的烧蚀材料也在研发中。

* * *

在大多数情况下，我们根本不必操心空气动力学的规则，就可以愉快地开展我们的日常生活。但我认为，多了解它们一点，可以打开一扇门，让我们对它们的含义有一个新的认识。从在行驶的汽车上把手伸出窗外，到观看制胜球的精准弧线，或者惊叹于飞行器从太空深处返回的炽热场景，及其表面和周围气体之间极其复杂的相互作用，但我希望你和我一样，把它们视为一种乐趣。

第 5 章

驰骋赛道

　　房间之大超过了我的想象，除了对面墙上那面巨大的白色曲面屏，四周一片漆黑。但真正主宰这个空间的是屏幕焦点处平台上的物品：一辆一级方程式（F1）赛车的部分底盘。这是我在位于英国银石工厂里的阿斯顿·马丁高知特F1车队（当时被称为"印度力量"车队）看到的景象。从官方角度来讲，我去那里是为了了解关于F1赛车能在赛道上保持稳定行驶的各种技术——哪怕当它们的速度接近商用飞机的起飞速度时。[①]但我有幸一窥这件器物——他们的高科技模拟器。"底盘是几年前生产的，但从根本上讲，我们的想法是给驾驶员创造一个与真车完全相同的环境，"当天慷慨的东道主、车队首席技术官乔纳森·马歇尔（Jonathan Marshall）说，"驾驶员把他们的赛车座椅放在这里。方向盘和其他所有部件的工作方式都与在赛道上完全一样。"通过一些我尚未获许向他人描述的方式，该平台可以模拟汽车的真实运动，让车手感受到他们在比赛中会经历的部分重力作用。有了这样的设备，赛车工程师和车手就有机会在比赛前做好准备，甚至可以在未获得赛道使用权的情况下测试赛车。"但更重要的是，"马歇尔继续说，"在我们为汽车制造一个新部件之前，我们可以在这里'驱动'它。我们可以了解到这一变化是否真的能提高性能，这才是我们的终极目标。"

　　这种对性能的追求，以及对几乎难以察觉的收益（哪怕是倏忽一瞬）的追寻，是一级方程式赛车的标志，而且无论你是否喜欢这项运动，毫无疑问，其背后的工程学原理令人着迷。即使是当前赛季的F1赛车也从未真正"完工"，其设计的各个方面一直在不断调整，车队在这个过程中使用了各种

① 受天气和其他因素影响，一架满载的波音737-800飞机抬起机头起飞时的速度大概在145～155节（约269～287千米/时）。2020年，F1冠军刘易斯·汉密尔顿（Lewis Hamilton）在意大利大奖赛中取得了264.362千米/时的成绩。截至撰写本书，这是F1有史以来最快的单圈速度。F1赛车的最高速度要比这高得多。例如，汉密尔顿在同一比赛周的某些时刻超过了330千米/时。

各样的工具。虽然模拟是他们工具包中最新的项目之一，但它并不罕见，所有大型F1车队现在都拥有某种"虚拟汽车"设备，而且它正发挥着越来越重要的作用。"赛车行业花了很长时间来开发将可变因素：车手、环境和其他一切排除在外的模拟工具，"当我们沿着走廊离开模拟器时，马歇尔说，"近年来，这种态度发生了变化，主要是因为我们现在意识到，人们感兴趣的系统不仅仅是汽车，而是在那些条件下赛道上的汽车和车手。这个模拟器使我们能够同时改变和控制很多东西，所以它真的很有价值。"

与"普通的"道路车辆相比，F1赛车与上一章中所探讨的高速喷气机有更多的共同点，因为对它们来说，空气动力学确实至关重要。赛车依赖三个关键部件操纵其周围的气流：前翼、后翼和扩散器。两个车翼的灵感都来自航空器，利用车翼的形状来产生升力。不过，由于赛车工程师将这些车翼倒置了，所以它们产生的"升力"是负的。因此，在F1赛车上，流经每个车翼下方的空气比流经顶部的快得多。其结果是产生**下压力**，一个将车翼推向地面的压力差。前翼和后翼的角度根据每条赛道都有所调整，不过它们共同贡献了汽车总下压力的一半到三分之二。[1]

其余的下压力来自扩散器，这是一个位于汽车底板的开放式几何结构。它的形状起到的作用是，当空气流入赛车底板和赛道表面之间的空间时，它通过扩散器的狭窄入口加速，然后从赛车后部宽而上翘的出口通道扩散出去。这样做的效果是，赛车下方会形成一个压力很低的区域，将其吸到路面上并提供下压力。通过精心设计，被称为"涡流"的小型低压空气团被迫在扩散器内形成并循环。根据传奇赛车运动空气动力学家威廉·托特（Willem Toet）的说法，这些涡流不只是将更多空气吸入扩散器，它们还"将其混入了扩散器下方正在扩张的气流中"。就像表面带凹痕的高尔夫球一样，这种

---

[1]　各个部件对汽车的总下压力具体贡献了多少，是很难用数字来说明的，但这并不令人惊讶。赛车的设置会随着赛道的不同而变化，每个车队都使用不同的赛车，赛车每个赛季都会更换，所有这些都会对下压力产生影响，所以我采用了一个非常粗略的近似值。

混合可以让气流附着在扩散器表面，进一步提高下压力。正如我在工厂里另一个地方所看到的那样，底板下的压力对赛车的性能而言是那么重要，乃至在每场比赛中都要受到持续监测，一堆细小的塑料管将宽大的汽车底板上的一排小孔和传感器平台连接。这样做可以测量气压的微小变化，使工程师能够发现任何意想不到的（或有潜在危险的）气流分离区域。

这三个系统——两个车翼和一个扩散器结合在一起，将赛车向下压，用比它自身重量大许多倍的力将其黏附在赛道上。这就是为什么F1赛车能以那么高的速度过弯。银石赛道的科普斯是赛车运动中最著名的弯角之一，离阿斯顿·马丁F1车队的工厂仅一步之遥。今天的F1赛车绕过这一右弯的速度超过290千米/时。

但如果我把这些近乎空中飞车的惊人转弯能力完全归功于下压力，那我就是对你们——我可爱的读者不敬了。仅凭空气不能将赛车保持在赛道上，也不能将发动机的动力转化为向前的运动。要达到这个目标，需要的是轮胎。

橡胶

唯有失去抓持力的时候，你最能体会到抓持力的重要性。一段湿透的弯道、一块黑冰、发动机漏油，这些情况中的随便哪个都足以使司机或骑手对车失去控制。轮胎是车辆和道路之间的唯一接触点，它们制约着车辆的大部分行为。刹车、加速和转向的有效性都受到轮胎与路面接触处情况的影响。但要准确定义一个轮胎的"抓持力"，我们需要考虑几个不同的因素：轮胎的材料和设计、轮胎行驶的路面状况，以及它们之间的接触质量。

让我们从轮胎谈起。

"管理比赛轮胎的性能算是一门黑色艺术，"前F1轮胎工程师杰玛·哈顿（Gemma Hatton）告诉我，"原因之一是轮胎橡胶本身的性质。"现代轮胎的橡胶通常是由从橡胶树中提取的天然聚合物和主要由化石燃料制成的合成聚合物（轮胎对环境不利）①混合而成的。经过充分处理之后，这一组合会产生一种性能介于弹性固体和很黏的流体之间的柔韧材料。橡胶的这一属性——黏弹性，既是它的超能力，也是它有点不可预测的原因。

在像弹簧这样的弹性固体中，施加在它身上力的大小与固体反应之间有一个简单的线性关系：你越用力压弹簧，它就变得越短。你也本能地知道，当你松开弹簧时，它将立即弹回原来的形状和大小。黏性流体则不同，因为其分子之间的摩擦力会抵抗你试图施加给它的任何使其变形的力。回想一下，你用手动打气筒给球充气。当你急促地按下手柄时，你会发现活塞不会立即移动。而当你松开手柄时，它也不会弹回起始位置。在你施加力和看到物体变形之间有一个间隔，也就是一个时间延迟。在材料科学中，这种间隔被称为**"滞后"**，它发生的原因是你用来施加力（如把手柄往下推）的一些能量已经以热的形式流失到流体中。

黏弹性材料，如轮胎橡胶，跨越了这两种特性。只要在其极限范围内操作，橡胶就会变形并恢复到原来的形状（就像弹簧），尽管有一些时间延迟和能量损失（就像黏性流体）。特定橡胶复合物的弹力或者黏性如何，不仅取决于它的成分，还取决于其工作温度，以及它所经受的变形类型和速度。这就是为什么没有单一的轮胎配方——事实上，一个轮胎包含多种不同配方

① 这种情况正在开始发生非常缓慢的改变，人们正在研发更多的生态友好型合成橡胶。明尼苏达大学的化学家已经开发出一种生产异戊二烯（关键成分）的新方法，用葡萄糖而不是石油。德国轮胎制造商大陆集团现在用一种被称为"Taraxagum"的橡胶制造轮胎，这种橡胶是从一种快速生长的蒲公英根部提取的。

是非常典型的现象。

此外，人们还在轮胎橡胶中加入了二氧化硅和像煤烟一样的炭黑等填充材料，使其具有一定的耐磨性，并呈现独特的颜色。增塑剂通常也有作用——它们使橡胶更柔软、更有弹性，因此，增塑剂的添加量将根据化合物的命运和最终进入的轮胎状态而变化。利用化学手段，设计师可以生产出特定的化合物，使其在现实世界中所面临的相同条件下达到性能的峰值。至少，我的想法是这样的。不过正如哈顿所暗示的那样，轮胎配方，尤其是高等级赛车运动所需的那种，与其说是科学，不如说是艺术。每条赛道和每辆汽车都是独一无二的。每个车手都有自己的风格。每天的天气都略有不同。另外，F1赛车的轮胎在比赛中的磨损也必须可预测，这样车队就可以制定一个策略，包括何时进站。设计出完美适应所有这些变量的化合物几乎是不可能的。在撰写本书时，一级方程式赛车只有一家轮胎供应商——倍耐力。可以说，倍耐力有一份为他们量身打造的工作。

此外，混合橡胶只是制造赛车轮胎的数百种成分之一。尽管在实际应用中是完全不同的事物，但赛车轮胎和公路车轮胎的组装方式相似。首先，将一张不透气的合成橡胶粘在一个旋转的滚筒上。在此基础上，再加两层"织物"。这些纤维层由橡胶尼龙和聚酯纤维制成，其精心排列的方向使纤维重叠并形成一个密集的网状结构，从而起到加强轮胎的作用。在橡胶板的边缘加入柔软的橡胶条——这些就是胎侧，以及另一个织物层和一对被称为"胎圈"的高强度金属箍。在滚筒上为这些层层叠叠的橡胶充气，就形成了一个轮胎原型。在另一台机器上，由超过1000米的细钢丝和橡胶（你应该可以猜到）制成的两条带子重叠在一起，这样金属就形成了一个十字交叉的强化结构。钢带被添加到充气的胎体上，整个东西被尼龙包裹着。最后一层被称为"胎面"的橡胶被卷在外表面，留下一个看起来非常像轮胎，但仍然很软且略微变形的东西（见图13）。

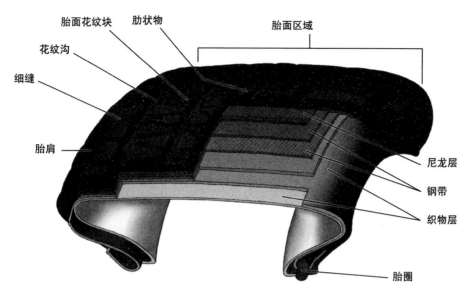

胎面花纹块　肋状物　胎面区域

花纹沟

细缝

胎肩

尼龙层

钢带

织物层

胎圈

图13　这个公路车轮胎的剖面表明，它远不只是橡胶圈

　　轮胎制造的最后一步是硫化，这也是其性能被锁定的时候。在高温、高压的硫黄蒸气中，轮胎实际上被蒸熟了，这使橡胶化合物中摇摆不定的聚合物链之间形成新的联系，增加了橡胶的黏度，使轮胎更加坚硬。如果这个固化过程发生在一个内壁光滑的金属模具中，你将会得到一个非常光滑的轮胎——赛车滑胎，最常用于F1赛车。如果该反应发生在一个精雕细琢的金属模具中，图案就会被转移到橡胶上，形成一个胎面轮胎，就像公路车上使用的那种。[①]

　　对于每一种驾驶形式，都会应用到很多种配方和胎面花纹，每一种组合都适合一组特定的需求。哈顿说："即使在比赛中，（轮胎间的）差异也绝对是巨大的。F1赛车的轮胎实际上只需担心柏油路面，而柏油路面通常是干燥的。但在世界汽车拉力锦标赛中，赛车奔驰在砾石、泥土、雪地和冰面上，道路表面会随着每个从它上面驶过的车轮的变化而变化。"无论赛事的要求

—————————

① F1赛车不能总是用光面轮胎比赛。有时它们需要"半雨胎"或者"全湿胎"，其表面的胎面花纹有助于排水，使橡胶保持在路面上。我们很快将进一步探讨这一点。

如何，轮胎的主要职责都是一样的——尽可能地抓紧路面，给予车手信心，让他们能顺利过弯。

抓持

这一切的核心是摩擦。要想了解摩擦的来源，我们首先需要放大花纹轮胎和道路之间的接合面，这样我们就可以观察一小块橡胶与路面的接触了。轮胎的这一部分被称为"接触面"，在所有事关轮胎性能的问题中，它都是至关重要的。

你将注意到的第一件事是，路面并不光滑，并且有大量的纹理，布满了微小的凸块和凹陷。由于道路是由碎石和沥青的混合物修建而成的，即便是维护良好的赛道也会出现大小在1微米到几十毫米的凸块。这种表面粗糙度与橡胶的黏弹特性相结合，提供了轮胎所依赖的第一种抓持机制。每当橡

车辆的行驶轨迹

接触面变得扁平（V=0）

图14 尽管移动中的轮胎会旋转，但扁平的接触面相对路面来说始终是静止的，轮胎在该区域的特性决定了其大部分性能

胶块接触到粗糙的地方，它都会变形并"流"过它。但由于滞后现象，橡胶在变形后不会立即反弹。它会滞留一下，并在其和路面之间产生一种抵抗性的摩擦力。这一过程，即路面的粗糙度物理渗透到胎面橡胶中，被称为"**压痕**"。因此，哪怕在潮湿的道路上，它也可以为轮胎提供一些抓持力（见图 14）。

第二种摩擦机制的作用就不是这样了。**分子黏附力**要求橡胶与物体表面紧密接触。根据轮胎制造商米其林的说法，它们之间的距离不应超过 1 纳米，这是因为轮胎要利用范德瓦耳斯力——壁虎用来攀爬墙壁和天花板的力（见第 2 章）。当橡胶轮胎在路面上移动时，范德瓦耳斯键不断形成、拉伸和断裂。这个循环同样是由橡胶的黏弹性实现的。它在橡胶轮胎和道路表面之间产生了摩擦，使其能够抓紧路面。

然而，水的存在会干扰这些键的形成，抑制它们提供的有益摩擦。因此，在大雨中，轮胎无法获得分子黏附力。但在光滑、干燥的路面上，它是非常重要的。有时在赛车比赛中，你可能会听到车手们说"铺点橡胶"。他们真正做的其实是操纵分子黏附力。他们的轮胎橡胶与赛道的接触是如此紧密，乃至随着键的形成和断裂，微小的橡胶会从轮胎上脱落并粘在赛道上。①

虽然乍一看这两种机制似乎迥然不同，但它们有一些重要的相似之处。首先，它们都依赖于橡胶在表面上的细微移动或者滑移。如果没有接触面内那些快速、难以察觉的滑动，无论是材料在凸起处的"流动"，还是键的拉伸和断裂，橡胶都不能产生其黏附在路面上所需的摩擦力。另外，这两种机制都与温度高度相关。温度越高，橡胶越黏稠、越有弹性，而且到了一定温度，通过分子**黏附和压痕**实现的抓持力将达到最大化。

---

① 这层由缓慢降解的轮胎留下的薄橡胶层有助于让轮胎每转一圈都获得更大的抓持力。除了橡胶与道路之间，它还提供了橡胶与橡胶之间的接合面。

如果你观看过F1比赛，人们对轮胎温度的痴迷对你来说就不会陌生。倍耐力生产的每一种橡胶化合物都有自己的最佳工作温度（这个温度总是比公路车的高得多）。因此，当赛车停在起跑线上或者车库里时，它的四个轮胎都被加热毯包裹着，温度设定在80 ℃以上。[①]当车手进站维修时，他们得到的新轮胎也都是一直保温储存的。"为了最大限度地提高抓持力，F1赛车轮胎的材质是柔软的，"哈顿说，"这意味着它们升温更快，因此也变得更容易'粘'在赛道上。"一旦开始比赛，由于与赛道之间的摩擦，轮胎会保持高温。所以，这时的轮胎状态最好。但当温度低于或者超出理想范围时，事情就变得棘手了。一旦赛道上发生事故，所有赛车都必须跟在安全车后面并减速。以较低速度行驶的每一刻都会冷却轮胎，降低其抓持力。车手们试图通过左右摇摆和急转弯来保持温度，但收效甚微。结果是，当赛道被清理干净，车手们又可以自由竞速时，他们只能使用暂时受影响的轮胎——温度较低、质地较硬，抓持力大大降低。这使他们的赛车变得更慢、更难控制，可能导致一次相当紧张的重新开始。轮胎的温度也有可能过高，这样它的橡胶就会变得特别软和黏。当赛道温度高于预期时，轮胎开始进行缓慢而相对稳定的降解，这就是比赛之所以要有进站环节，以及之所以那么惊险刺激的缘由。随着越来越多的橡胶粘在赛道上，轮胎状态迅速恶化，摩擦力随之下降。抓持力一旦"一落千丈"，便不再有退路，唯一的解决办法就是换一套新轮胎。

因此，车队和轮胎工程师希望在整个赛事周中持续监测轮胎温度就不足为奇了。但正如哈顿曾解释的那样，这一过程并不简单。"你真正想测量的是橡胶内部的轮胎体积，因为这是轮胎温度的最准确指征。但这是不可能的。"车队必须退而求其次，测量他们可以测量的东西。她继续说："每个轮

---

① 国际汽车联合会（该运动的管理机构）和倍耐力对比赛轮胎的储存条件——温度和时间，有严格的规定。在撰写本书时，后轮胎的毯子可以设置为80 ℃，前轮为100 ℃。有人制订了淘汰轮胎毯的计划，一旦成真，汽车设计将受到重大影响。

辆都装有胎压监测传感器。它不仅监测压力，还有一个红外线传感器，指向轮胎胎体的底部。"工程师还可以通过安装在底盘或者前翼的红外线传感器测量轮胎的外表面温度。哈顿警告说，这只是指示性的："表面温度波动很大，所以这算不上最可靠的测量。胎体温度通常是工程师关注的焦点，尽管每个团队都有自己的方法。他们通过传感器得到的各种测量结果有助于他们确定轮胎的'最佳工作窗口'。"

在比赛期间，倍耐力的轮胎工程师和车队通过连接到每个传感器的无线发射器，实时地远程监控所有轮胎的胎体和表面温度。进站期间，轮胎被取下时，他们会得到更多的有用信息。"一组轮胎一旦被用过，倍耐力的工程师就会与轮胎装配工一起刮掉上面的所有碎片。然后你可以用探针测量横跨轮胎整个宽度的几个胎面孔的深度，以便获知磨损情况。"这使车队能够识别出任何磨损或者降解不均匀的区域，并帮助倍耐力工程师预测新一组轮胎在接下来比赛中的表现。"预测的圈数对车队策略师来说是一个有用的指导。不过，更大的车队还会运行极其复杂的实时轮胎模型。"

即便掌握了这些信息，赛车轮胎仍然充满了意外。如果短暂地离开赛道，轮胎就会沾上碎片，抑制其黏性。如果撞到路边，则有可能导致轮胎压力剧增，有时甚至会划伤或切断胎面。过度或突然刹车入弯，可能导致轮胎锁死，并在胎面上产生一个与轮胎其他部分截然不同的扁平点。F1赛车将轮胎以及我们对轮胎的理解推向了绝对极限。除非你做了不应该做的事，否则你的自行车或汽车轮胎不会经历那种程度的惩罚。但从根本上说，所有轮胎都受制于同样的行为和相互作用。不同轮胎类型之间的变化无非是哪种交互作用占首要地位。

胎面

想象一下：你坐在自己梦想中的汽车里（最好是电动的[①]）。前面的路很平坦，悠然地蜿蜒向前。你不需要赶路，所以不妨慢慢来。开车时，你会意识到你的车轮胎与沥青路面的接触。它们的性能可以用三个关键属性来描述：抓持力、磨损和滚动阻力。到目前为止，我们主要讨论了前两个。第三个主要是由轮胎在汽车重量下的变形引起的。我们知道，橡胶是柔韧和具有黏弹性的，这也是它能很好地附着在路面上的原因。但这也意味着当轮胎在负载下旋转时，其胎面和胎侧的橡胶会周而复始地经历大规模变形和恢复，每次都会将一些能量以热量的形式耗散。由于这种能量损失，所以自由滚动的轮胎将逐渐减速并最终停止。为了保持轮胎转动，你需要不断输入能量，但对汽车来说，这意味着需要消耗燃料。轮胎的滚动阻力越大，使用的燃料就越多，这对赛车来说不是问题，但对乘用车来说是受影响的。根据美国能源部的数据，一辆"汽油车"仅在克服滚动阻力方面就消耗了4%～7%的燃料，而卡车和其他重型车辆的比例更高。

为了减少滚动阻力，制造商在不对公路车轮胎抓持力或磨损产生不利影响的情况下，使用了一些技巧。在橡胶复合物中加入二氧化硅，使其略微坚硬，在道路上不易受变形率影响。此外，胎体中的金属和织物带提供了一些结构上的刚性。想必那些爱骑车的读者也知道一个保持低滚动阻力的方法——确保你的轮胎完全充气到适当的压力，可以最大限度地减少橡胶的松软度，减少保持轮胎滚动所需的能量。

[①] 我与汽车之间的关系非常复杂——也许是矛盾的。你可能看出来了，我喜欢赛车比赛的工程和技术，我经常观看F1、V8超级跑车的比赛，还有越来越多的电动方程式。但我并不想拥有私家车，也不赞成大多数城市优先考虑推行燃油车。在33岁搬到新西兰之前，我一直抗拒拥有汽车。哪怕是现在，开车对我来说也是最后的选择。只要我可以步行或乘坐公共交通工具到达目的地，我就会那么做。

对公路车轮胎寿命起关键作用的一个设计特征可以说是最显眼的：由凸起的肋纹、倾斜的团块、深槽和窄缝组合而成的胎面花纹。这种轮胎与F1赛车所青睐的无花纹轮胎之间的区别显而易见。尽管凭借与地面接触的大块橡胶，无花纹轮胎提供了巨大的抓持力和非凡的操控性能，但它们在坚硬、光滑的赛道以外的任何地方百无一用。光面轮胎的磨损也快得令人难以置信，很少能撑过半场比赛。公路车的轮胎根本不可能以那样的方式工作，它们需要提供可靠的抓持力，适应不断变化的环境，还要足够坚固，经得起持续多年的日常使用。

为了了解胎面花纹如何帮助公路车轮胎做到这些，让我们来看看，当你驾车在完美的道路上突然踩刹车时，你"梦想之车"的轮胎会有怎样的变化。首先发生的是轮胎的转动速度开始下降，汽车的重量前移，使前轮承受的负荷比后轮更大。进一步聚焦到前轮接触路面的地方，我们可以看到这一变化使构成胎面的柔性橡胶块弯曲和变形，特别是位于接触面前端的那些。随着滚动的继续，接触面后部的胎面块开始滑动，激活轮胎的两种抓持机制（压痕和分子黏附力），并进一步减缓旋转速度。单独胎面块之间发生的移动越多，制动就越有效。

标志着胎面变形和微滑动之间转变时机的是橡胶在路面上的摩擦系数（μ）。希望你还记得第1章的内容，该系数是对一种材料贴着另一种材料滑动需要多大力的衡量。对于干燥路面上的橡胶轮胎，μ 总是介于0.9～1.3之间，这意味着它们之间有很好的接触。而在潮湿条件下，μ 值会大幅下降（如果路面超级光滑，μ 值可低至0.1）。值得庆幸的是，现实世界中的大多数道路都足够粗糙，因此在湿滑情况下可以保留一些抓持特性。但为了获得这一性能，胎面橡胶要能弯曲，以及在水中行进。幸运的是，你的"梦想之车"已经准备好迎接突如其来的大雨，它的轮胎状况良好。

轮胎上的图案并不是随机的，它们都有自己特定的功用。当轮胎在湿滑的地面上滚动时，轮胎前面会积聚一小摊水。胎面的缝隙向外延伸，将这些水从地面吸上来，然后引入轮冠的宽槽中。接着，宽槽中的水又会被引入胎侧的沟槽中，迫使它从侧面流出并远离接触片。这使得轮胎凸起的肋纹和胎面块与路面直接接触，压出压痕并提供抓持力。轮胎在清除湿滑路面积水方面的效率非常惊人。倍耐力负责人表示，他们为2020年F1赛季生产的重花纹湿地轮胎，在赛车全速行驶时，"每个轮胎每秒可排走多达65升水"。

开车过弯时，胎面花纹也有类似作用。当你转动方向盘时，你的轮胎会指向弯道，就像刹车时一样，汽车的重量会不均匀地分布。这一次，外侧两个车轮的负荷要高于内侧。在转弯时，赋予轮胎抓持力的胎面块弯曲和微滑发生在侧面，换句话说，轮胎侧向变形。因此，在各个方向上都具有同等抓持力的花纹，结合刚性的轮胎侧壁，将为你提供最可靠的过弯性能。

胎面花纹唯一的缺点是它们的声音很吵。信不信由你，你从高速行驶的汽车上听到的噪声大部分是由轮胎和路面之间的相互作用产生的。对于时速50千米或者更高的重型车辆来说，这种相互作用也是一个重要的噪声源。轮胎的变形，以及胎面块在纹理路面上的弯曲、释放和微滑都会产生声音，并且会受到车辆重量和速度的影响。由于轮胎的弹性腔充满了空气，所以它滚动时会像鼓一样，产生低频的嗡嗡声。胎面花纹块的大小和方向，以及它们之间的间隙，也可能对轮胎噪声产生影响。一般来说，胎面花纹越厚实、越有质感，噪声就越大，尽管赛车轮胎的光面花纹也远远称不上安静。道路对噪声也有影响，如果路面是光滑、多孔的，它在轮胎下方和周围产生的气压最低，产生的噪声水平也较低。

正如本书中的大多数内容一样，我们不可能将所有这些影响和相互作用分开，但我认为，这正是轮胎抓持力的魅力所在。橡胶是这一切的基础。人类使用这种材料已经有超过3000年的历史，当它在19世纪初首次与轮式运输结合时，便彻底改变了后者。轮胎为我们提供了一种平稳有效地移动物体的方法，即利用摩擦来促使我们快速前进。但我们很快就会发现，摩擦也能让我们停滞不前。

刹车

贝塔·本茨（Bertha Benz）天亮前就醒了。由于要开很长一段路，所以她想早点出发。她和她两个十几岁的儿子——理查德和欧根，悄悄地向车库走去，准备把车开走。这条路线起始于他们位于曼海姆的家到贝塔的出生地——普福尔茨海姆，他们将一路向南，并在沿途停留歇息。值得庆幸的是，8 月的这一天，天气还是不错的，因为他们的车没有车顶。车子的车轮也相当简陋：两个后轮是钢制的，而唯一可转向的前轮是实心橡胶的。[1]由贝塔的丈夫卡尔·本茨（Carl Benz）[2]设计和制造的奔驰专利汽车是世界上第一辆量产汽车。卡尔·本茨是一位才华横溢的工程师。在短短十年里，他为汽油二冲程发动机及其调速器、点火系统、化油器、基于蒸发的冷却器以及他的"奔驰一号"申请了专利。但他没有做生意的头脑，他宁愿在他的车间里修修补补，也不愿为他的新发明宣传造势。

另一方面，贝塔知道，要想让他们公司取得商业上的成功，有必要让人们听到关于它的一切。为此，她制订了计划，在 1888 年的那一天，她和儿子们开始了他们的旅程——历史上第一次长途自驾游。他们给卡尔留了一张

---

[1] 奔驰专利汽车 I 型配备着钢辐条车轮和实心橡胶轮胎。贝塔·本茨驾驶的是 III 型车——根据戴姆勒（梅赛德斯 – 奔驰的母公司）的说法，它的车轮辐条是木质的，外圈为钢或橡胶。

[2] 卡尔的名字可以拼作 Carl，也可以拼作 Karl。这里用的是他汽车专利文件上的拼写。

纸条，说他们要去普福尔茨海姆看望贝塔的母亲，但没有提到他们的旅行方式。几个小时后，卡尔才意识到发生了什么。

贝塔这番壮举的意义再怎么夸大都不为过。因为在此之前，这辆车在铺砌的小路上行驶的距离从未超过几百米，而且一直在设计者可掌控的范围内。它只储存了 4.5 升燃料，严重依赖定期补水，这意味着三人必须在途中寻找补给，但在那个时代还没有"服务区"这一设施。此外，这辆车只有两个挡位，不足以应付他们在途中遇到的陡峭山路。尽管如此，在他们出发后不到 12 个小时，贝塔给卡尔发了一封电报，说他们在行驶了 104 千米之后，已经安全抵达目的地，途中只在有限的路段推车上坡。

作为宣传的一部分，这趟旅行非常成功。媒体对贝塔和她的孩子，以及她丈夫制造的"冒着烟的怪物"——那台将母子三人安全送达普福尔茨海姆的机器，表现出了浓厚兴趣。订购奔驰汽车的订单开始蜂拥而至。本茨家族从此走上名利双收之路。这次旅行对汽车技术的发展也起到了关键作用。这是第一次真正意义上的"试驾"，一路上，贝塔解决了多个现实问题，包括修复损坏的点火线和疏通油管，用的都是她随身携带的工具。这次驱车旅行激励卡尔增加了一个挡位，在极大程度上增加了汽车的实用性。贝塔还发明了一个对公路车辆来说至关重要的东西——刹车片。卡尔最初设计的刹车是木制的，但贝塔意识到，如果木头有一层柔韧但坚固的外层，刹车就能更有效地抓紧钢轮辋。几天后，也就是他们准备返回曼海姆的时候，她请当地鞋匠给刹车片外面包了一层厚厚的皮革。由此产生的刹车片成为奔驰专利汽车的标配，能够使车辆从时速 16 千米的最高速度减速。

但随着发动机变得更加强大，汽车变得更快、更重、更难停。木头上缠皮革的刹车片让位给了橡胶浸渍的布和纤维，但这些材料本身也存在问题，尤其是它们时常会在司机最需要它们的时候起火。20 世纪的第一个十年里出现了一个解决方案——石棉，这是一种不易燃、耐化学腐蚀、坚固且相对便宜的材料。尽管严重危害健康，但从1897年至1968年，它一直是刹车片材料的首选。① 今天的刹车片由各种各样的材料制成，它们基本上可以分为黏合剂、填料和摩擦改进剂。黏合剂是将所有东西粘在一起的胶水，通常由酚醛树脂制成。你可以把过热制动器产生的刺鼻气味归咎于它。填料可以是任何东西，从金属纤维到磨碎的橡胶，都可以根据刹车片的特定需求进行选择：要么是增加强度和耐用性，要么是减少刹车产生的噪声。根据名字可以推断，摩擦改进剂负责微调最终刹车片的摩擦性能。被广泛应用于此的材料有金属粉末和陶瓷粉末，其中混有石墨和坚果提取物，每一种成分都在混合物中发挥着特定的作用。不过，刹车片最终的设计目标只有一个，产生持续、可靠的摩擦力。

驾驶奔驰专利汽车时，司机必须拉动一个操纵杆来控制刹车，将刹车片压到后轮上。现代汽车的制动系统要复杂得多，但效果基本上一样，通过制动器和车轮之间的接触使汽车减速。在盘式制动器中，一对刹车片被安装在一个与车轮一起转动的扁平圆盘（或转子）两侧。这些刹车片通常远离旋转的圆盘，但是当你踩下刹车踏板时，小型液压活塞会把它们推到圆盘的表面。鼓式制动器的工作原理也一样，只不过刹车片和它们被压上的表面都是弯曲的。两种系统都能使车辆停下来，但制动盘的更有效。这就是为什么它们是大多数公路车辆的默认选项，至少对两个前轮来说如此，因为它们承担了大部分制动任务。鼓式制动器通常仅用于后轮，但在越来越多的高性能汽车中，它们也已经被盘式制动器取代。

那么，当刹车片与刹车盘接触时，实际会发生什么呢？首先，最显而易见的是，会产生大量的热量。在F1比赛中，超过1000 ℃的制动温度是司空见惯的，这就是为什么你有时会看到刹车盘在车手减速入弯时灼灼放光。对

---

① 关于石棉对人类健康有害的警告至少从1898年就开始了，从那时起，人们就确认了其纤维与癌症和其他危险的肺部疾病有关。撰写本书时（2020年），全世界已有67个国家禁止使用所有形式的石棉。

于这种热量的来源，通常的解释是，它是由刹车片和刹车盘之间的摩擦产生的，但实际情况比这**更微妙一些**。行驶中的汽车拥有巨大的动能，因此为了减速，它需要甩掉这些能量，并最终将其降为零。盘式制动器通过将动能转换为其他形式的能量——主要是热能来实现这一点，但也有声音，偶尔也有光。刹车时，刹车片和刹车盘开始相对高速滑动，它们的表面相互作用。刹车片凭借其长长的成分表，被设计成粗糙而带有纹理的样子。但即便是抛光的刹车盘（标准公路车的刹车盘由铸铁制成），也不是完全光滑的。因此，它们的微观表面会相互碰撞，导致其有时弯曲变形，有时开裂，甚至脱落。这不仅产生了阻力（摩擦力），使制动盘减速，还耗散了动能。

因此，在某种程度上，刹车温度高意味着这个过程是有效的，但如果不加以控制，就会导致很多问题。当刹车片被制造出来时，它们在高温和高压下被"烹煮"，使黏合剂固化并将摩擦材料黏合到背板上。如果反复或持续地使用刹车片，它们会变得非常热，热到黏合剂开始蒸发。逸出的气体在刹车片和刹车板之间形成一个薄层，减少两者的接触，导致摩擦力下降。这是制动衰减的一种形式，它可能是一个相当可怕的经历——刹车踏板踩到底，速度却只下降了一点点。过高的温度也会导致制动管路中的液压油沸腾，进一步降低刹车踏板的反应速度。刹车失灵通常是暂时的，可以通过抬起踏板让刹车片降温来纠正。盘式制动器比鼓式制动器更不易失效，原因很简单：它们直接暴露在空气中，所以可以很快冷却下来。材料的选择也有影响，从腰果壳中提取的化合物可以增加刹车片的热稳定性，帮助它们散去产生的热量。此外，一些公路车和重型车辆使用有凹槽或者通风的制动盘。它们给黏合剂气体提供了一条逃逸通道，并增加了制动系统周围的气流。在F1比赛中，车辆的速度和温度都很高，每个部件的性能都被推到了极限，刹车系统得到了重大升级。

竞速

听起来也许有悖直觉，但刹车是快速驾驶的一个关键部分。在任何赛道上，车手的目标之一就是保持在赛车线上，绕赛道的最短路径。因此，在转弯时，他们不会沿着狭长的外侧曲线行驶，而是"紧贴"曲线内侧一个被称为"弯心"的位置，最大限度地减少他们必须行驶的距离。[①]要做到这一点，需要非常精准的刹车操作：在**恰到好处**的时间内，对刹车踏板施以适当的力。如果做到了，车手将会从一个很好的位置冲出弯道，并保持着他们在下一段赛道所需的速度继续行驶。但这样的驾驶会对刹车系统造成伤害。在一些赛道上，刹车并没有太多冷却的机会。

以世界著名的摩纳哥街道赛道为例，它只有 3.34 千米长，是 F1 赛程中最短的赛道，但它涉及大量的制动和加速。根据制动系统制造商布雷博的数据，在 2019 年赛事中，车手们每圈使用刹车的时间为 18.5 秒，这超过了每圈总时长的四分之一。在要求最高的弯道，赛车的时速需要在 2.5 秒内从 297 千米降至 89 千米。大量的动能在这个过程中快速转化为热能。所以，刹车盘会发光也就不足为奇了。为了应对这种巨大的热负荷，制造商在每个制动盘的边缘钻出 1000 多个微小的径向孔。这些孔增加了制动盘的表面积，使热量更容易散出去。它们也起到了通风作用。它们与安装在轮辋上的那些大型冷却管道配合，将冷空气吸入制动盘中心，然后在边缘将热空气排出。作为一项附带的好处，F1 赛车的刹车盘非常轻，重量只有 1 千克，而差不多大小的铸铁刹车盘重量有 15 千克。那么为什么我们不都改用它们呢？原因之一是价格。每个刹车盘的成本高达 2000 美元，制作周期长达 6 个月。其次，

---

① 这不是日常生活中的选项。在开放道路上，界定车辆位置的通常是车道，而不是对速度的追求。

它们的使用寿命也不长，一般比赛后都要更换。最后，它们对工作的温度要求非常严格：350～1000 ℃。低于最小值，它们几乎不能提供制动能力——刹车片和刹车盘不能产生足够的抓持力。但如果它们长时间处于最高温度以上，就可能出现灾难性的故障。乔恩·马歇尔（Jon Marshall）是这么对我描述的："这感觉就像你开始切食材一样。当那种情况发生的时候，你很难相信刹车盘的'肉'竟被消耗得如此快。"

技术可以帮助车队和车手控制刹车，但就像F1赛事中出现的大多数状况一样，这并不简单。冷却管道的大小和形状控制着通过制动盘的空气量，然而空气并不是越大越好。正如传奇F1工程师帕特·塞蒙兹（Pat Symonds）接受《赛车工程》杂志采访时说的："冷却会产生一些后果，对于像蒙特利尔那样的重型制动赛道，我们不得不使用赛季里最大的管道。将最小的冷却管道换成最大的，空气动力学效率方面的损失可达1.5%，这意味着最高时速降低了1千米。"我想，这势必会在车队的刹车工程师和空气动力学专家之间引起一些争论。甚至测量刹车组件的温度也是一项挑战。马歇尔告诉我，在阿斯顿·马丁的F1赛车上，他们同时使用了嵌入刹车片安装支架中的高温热电偶和一系列直接指向刹车盘的红外线传感器。电视比赛报道中偶尔出现的彩色热图像主要是为观众准备的——它们显示的温度充其量是指示性的。

刹车片和刹车盘之间的另一个重要变化是磨损。所有的滑动和摩擦都会对这两个表面造成物理损伤，每次刹车时，都会有颗粒被撕碎。在制动系统的使用周期中，这逐渐降低了材料的摩擦系数，换句话说，它们失去了抓持力。但这不仅仅是因为表面在相互"抛光"或者失去厚度。磨损还产生了一种叫作"摩擦膜"的东西——一层非常薄的细颗粒，是在刹车盘和刹车片的接触中被碾碎的。"当涉及磨损和摩擦时，摩擦膜有着巨大的影响，"英国利兹大学的沙赫里亚尔·科萨里耶（Shahriar Kosarieh）博士说，"我们认为那层膜是'第三方',因为尽管它是由两种相互滑动的材料产生的,但其化学性能和机械性能不同于其中任意一方。"德国研究人员在观察了各种商用铸铁刹车片后发现,无论刹车片由什么材料制成,形成的摩擦膜总是以氧化铁(Fe_3O_4)为主,其他成分发挥的作用相当小。"摩擦膜控制着热量的消散,可以减少摩擦——它主导着性能,"科萨里耶继续说,"制动系统制造商知道这一点,他们在设计刹车片配方时也考虑到了。刹车片和刹车盘要相互匹配才能提供最佳性能。如果你改变任何一方的材料,你就会改变接合面上产生的物质。"

在最近的工作中,科萨里耶研究了铸铁刹车盘的轻质替代品(主要是铝制的)的摩擦性能。他不是唯一的研究者,整个汽车行业都对减轻重量着迷,主要是因为车辆越轻,消耗的燃料就越少,对环境造成的影响也越小。铝目前是这一潮流的引领者。"它是一种低密度金属,灰铸铁的密度是它的2.5倍,铝具备巨大的减重潜力,"他在电话中对我说,"它有良好的导热性,其表面形成的氧化物可以防腐蚀。"通过将铝合金与碳化硅之类的硬质陶瓷材料结合,你还可以在其特性列表中追加一个高强度。"但铝的问题是,温度一旦超过400 ℃,它就有可能熔化。在刹车部件上,这将意味着摩擦力会突然下降,这是最糟糕的情况。因此,人们迫切希望找到设计这种表面的方法,使其具有更强的热稳定性和较长的使用寿命。"

对科萨里耶来说,最有趣的方法之一是等离子体电解氧化(PEO)。它利用电场在铝表面形成一个复杂而高度耐磨的涂层。通过测试多种经过等离子体电解氧化处理的铝盘性能,他发现有些铝盘能扛得住大约550 ℃的温度。不过很多样本的摩擦系数都太低了,低于实际制动系统所需的最低阈值。科萨里耶毫不气馁。"刹车是一个系统。一旦有了新的制动盘,你就需要优化与之配合的其他构件。很多公司都在设计专门用于等离子体电解氧化涂层的刹车盘新刹车片配方。"关于等离子体电解氧化刹车盘与这些新摩擦片的组合，我只找到了几项已发表的研究，不过结果看起来相当有希望。轻质铝制制动器很可能出现在未来的公路车上。

20世纪70年代末，F1赛车制动系统制造商为他们的刹车盘和刹车片找到了另一个解决方案，并且自那时起，他们一直在使用：一种叫作碳－碳的材料，高度有序的碳纤维嵌入石墨基体中。它的散热效果非常好，曾被用在航天飞机上。虽然听起来它可能和构成F1赛车底盘的碳纤维相似，但它实际上是一种非常不同的事物。碳－碳的制造是缓慢而复杂的，材料要一层一层地在原子薄层上积累。在摩擦方面，它是个赢家，提供传统刹车组件两倍的抓持力（在最佳温度范围内）[1]。但它终究不是魔法。在比赛的压力下，它还是会慢慢磨损，部分原因是摩擦，但也有化学方面的因素。在高温环境下，碳－碳与空气中的氧气发生反应，从而加剧了其降解。这就是有时你在F1车手猛踩刹车时看到的黑色烟尘的来源。

这个过程意味着车队对其刹车系统的监测不能仅仅局限于温度。马歇尔告诉我，他们使用压力传感器来监测管道里的气流。对于磨损，他们有可以测量横向运动的电子传感器。"我们用这些来测量刹车片要走多远才能接触到刹车盘。由此我们可以推算出总磨损，这是刹车片和刹车盘磨损的总和。"为了弄清总磨损中与刹车片和刹车盘有关的部分，车队将他们的传感器数据与之前在测试和赛事中收集的历史刹车数据相结合。"根据这些数据，我们在比赛中追踪磨损率。如果速度太快，我们可以调整刹车平衡，以保护车辆磨损最严重的那一端，或者要求车手用干净的空气来冷却刹车。"无论采用哪种方式，其目标都是确保驾驶者在需要的时间和地点有停车的能力。每个赛季都要面对成千上万的弯道，这些系统，当然还有车手，都表现得很出色。

---

① 根据制动系统制造商布雷博的说法，碳纤维刹车盘和刹车片之间的摩擦系数可达 0.9。铸铁制动盘与标准刹车片的摩擦系数约为 0.4，这对公路车辆来说绰绰有余。

访问结束时，我和马歇尔一起喝了杯咖啡，我们聊到了赛季的节奏是何等无情：每隔一两个星期就要访问一条新赛道，为最不可能发生的事做准备，不断调整系统以满足不断变化的需求。持续不断的压力是否会让人受不了？他狡黠地笑了笑，说道：

F1总是在权衡取舍。你可以在我们今天谈到的所有事情中看到——刹车片冷却、空气动力阻力、下压力、轮胎抓持力。一切都是相互影响的。我们不可能只挑一件事出来优化它。这一切需要作为一个系统来工作，这就是为什么它需要一个庞大的团队。这项运动太有挑战性了，但作为一名工程师，总有机会看到的挑战是我每天早上起床的动力。我爱挑战。

第6章

摇摇欲坠的岛屿

　　2018年10月30日，当我坐在新西兰惠灵顿的办公桌前愉快地写着关于冰壶运动的文章时，突然听到一阵低沉的轰鸣声。对一个成长过程中从未经历过地震的人来说，地震给人的感觉是完全陌生的，不过你身体里的每一根神经似乎都意识到它是一种威胁。自从几年前从伦敦搬来这里，我们经历了几次短暂的地震，但这是我第一次不得不听从新西兰政府的"伏地、遮挡、手抓牢"建议。当时我爬到桌子下面，手里紧握着手机。摇晃持续了几秒钟，除了把一些笔摇到地板上，并没有把场面搞得很糟。但是几分钟后，当我丈夫（新西兰人）打来电话询问我的情况时，我仍抓着桌腿，心怦怦地跳。

　　这次地震并不严重，但它再次让我们意识到新西兰处在一个很不稳定的位置。该国位于两大板块的交界处，而这两个板块正在缓慢而不可阻挡地相

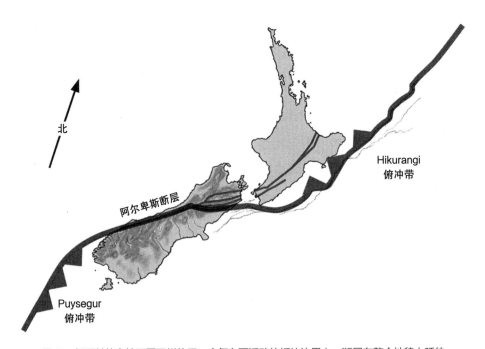

图15　新西兰的奥特亚罗亚州位于一个复杂而活动的板块边界上，断层在整个地貌上延伸

向移动。这种互动属性在很大程度上取决于地理位置（见图15）。在南岛底部，澳大利亚板块俯冲到太平洋板块之下。而在北岛的东海岸，情况正好相反——太平洋板块俯冲到澳大利亚板块之下。在这两者之间，几乎不存在俯冲运动。在南岛大部分地下，这两个板块相互摩擦和挤压。正是这些复杂的相互作用赋予了新西兰惊人的自然景观。从南阿尔卑斯山的皑皑白雪，到科罗曼德半岛的柔软沙滩，使新西兰成为一座不可忽略的地质学宝库。

地球外壳——岩石圈被（大约）分成8个刚性块，太平洋板块和澳大利亚板块属于其中两个。[1]受热流和板块下方的岩石内部巨大压力的驱动，这些巨大的构造板块以每年几厘米的速度相对移动。这听起来并不快，但这种运动在几十亿年的时间里已经创造和重塑了这个星球，而板块边界是大部分活动发生的地方。在离散边界上，板块的分离产生新的地壳。在海底，这形成了诸如大西洋中脊的地貌。在陆地上，其结果是一条裂谷。随着板块相互靠近（汇聚）或者沿着彼此移动（转换），汇聚和转换边界——比如穿过新西兰的那些，往往会使现有的地壳变形。它们造成了更剧烈的地质事件，如造山、火山爆发和地震。它们也是这个国家被称为"摇摇欲坠的岛屿"的原因。在短短一年内，我确信这是相当典型的，新西兰地震信息网分布广泛的地震仪器网络就检测到20759次地震。[2]虽然新西兰的地震中只有极小一部分震感强烈到能让人察觉，但它们早已成为日常生活的一部分，并被编到岛上的神话传说中。例如毛利人的神——罗奥摩克，据说他在地下活动时，会引起轰隆隆的地震和咝咝作响的火山活动。但正如我们经常被提醒的那样，这些事件的影响远远超出了神话世界。

2019年，位于风景如画的丰盛湾的一座小岛登上了世界各地的头条。白岛火山爆发，造成22人死亡，25人重伤。几十年来，该岛一直是旅游胜地，

---

[1]　根据新西兰地质与核科学研究所的说法，"有7~8个大板块和许多小板块"。世界地图网站 World Atlas 说有9个大板块。

[2]　这是2021年2月10日新西兰地震信息网统计页面上的数据。查询的是在过去365天内发生的事件数量，结果是20759次。

每年约有1万名游客被低活跃度的火山活动吸引，到处都是咝咝作响的喷口、深坑和冒泡的泥潭。白岛从没有真正沉默过。它是一座巨大的锥形火山的顶端，已经持续活跃了至少15万年。新西兰地质与核科学研究所，作为新西兰首屈一指的地球科学研究所，于1976年在该岛设立了永久性的监测系统。在灾难性的火山爆发前两周，地质与核科学研究所提高了火山警报级别，称他们的探测器发出的信号模式表明，该岛"可能正在进入一个喷发可能性高于以往所有情况的时期"。尽管如此，旅游经营者仍然继续提供上岛旅游服务。结果是灾难性的。

虽然白岛用一场悲剧向人们提醒了地球的活力，但生活在板块边界的现实是，地质动荡并不是你可以避免的事情。是的，你可以评估和监测风险，并做出尽可能周全的准备，但总有一定的可能性，即一场"大的"地质活动将会袭来并颠覆一切。新西兰最近的历史已经证明，地震可能发生在最意想不到的地方，并以与我们先前所了解的知识相矛盾的方式表现出来。

在开始深究这些复杂问题之前，我们先了解一些基本情况。首先，绝大多数地震都发生在断层上，也就是地壳断裂处。[①]由于构造板块之间长期相对滑动和挤压，巨大的压力会在板块上层积聚，形成长度从几十厘米到几百千米不等的裂缝。这些裂缝或者断层标志着地壳移动的路线。断层也是地壳块之间的薄弱地带，因此，未来的任何运动都将优先沿着断层发生，这也使得地震地质学家对它们非常感兴趣。

断层运动通常要么非常缓慢，要么迅速得令人难以置信，但引起这种运动的原因才是值得讨论的。取两块大小相近的黏土，捏成块状。把它们并排放在一起，使其接触并稍微粘在一起。做得很好，你创造了一个断层！现在，施加一些力。在分离边界，即板块相互远离的地方，岩石处于拉伸应力

---

① 除了最深的地震（深度超过600千米），其他都是如此。我们对深层地震仍然缺乏足够的了解。我的朋友、圣路易斯华盛顿大学行星地质学家、副教授保罗·伯恩（Paul Byrne）告诉我，尽管那个深度的温度非常高，但部分地幔可能会像上层岩石圈一样破裂。

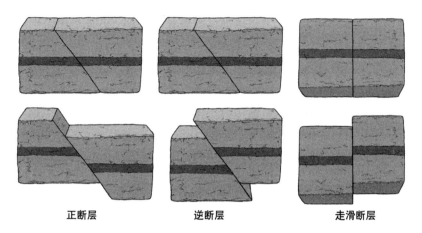

正断层　　　　　　逆断层　　　　　　走滑断层

图16　这里展示了三种可以引起地震的断层类型

之下。换句话说，作用在它们身上的力是在将它们拉开。当你拉扯两端时，你可能会看到你的黏土模型拉伸和变形。地壳中也存在额外的应力，但这些边界内主要应力的形式是张力。其结果就是所谓的**"正断层"**，即断层一侧的岩石相对于另一侧的向下掉落。

你也许已经猜到，在汇聚边界，即板块相向移动的地方，挤压应力占主导地位。由于黏土可塑性很强，你的模型只能说明这个过程的部分情况。地壳深处的岩石确实倾向于缓慢变形，但地壳中位置较高的岩石对压缩的反应是断裂。通常，挤压应力的结果是**"逆断层"**，在地震活动期间，一侧相对于另一侧向上移动。

最后，地壳块也可以沿着通常近乎垂直的转换断层线横向移动，彼此"擦肩而过"。作用在这种断层附近岩石上的主要应力是水平剪切力，由此产生的结构被称为**"走滑断层"**（见图16）。在你的黏土块连接处两旁，这些应力造成的拉伸及扭曲结果应该很容易看到。

在地球的所有板块边界区域，岩石在这些多重应力作用下被塑造和拉伸。通常情况下，这种变形缓慢且可预测，它使我们得以欣赏到纳米比亚和加拿大落基山脉标志性的褶皱岩石。但是随着时间的推移，压缩和剪切应力会在这些岩石中积聚，当压力过大时，岩石就会移动，并以地震波的形式释放能量。这种由累积应力突然释放引起的地壳突然滑动，就是我们所说的地震。

对这一过程的这种描述忽略了一个重要因素，一个有助于形成现代地震理论的因素。这也解释了为什么在一本关于表面的书中会有一章专门讲新西兰的地质环境。当我们想要理解地震运动时，**摩擦**是一切的关键。

黏滞

你是否曾为音乐会上小提琴家奏出的清脆音符所倾倒，或者被安静房子里吱吱作响的门吓到过？如果有过这些体验，你已经熟悉了主导地震发生的摩擦类型。**黏滑运动**是摩擦不稳定的结果。当两个相互接触的表面相对移动时，就有可能出现这种情况。你可能会想，如果两个表面都非常光滑，它们可以自由滑动，因为从理论上讲，它们之间不存在摩擦。但在现实中，如果我们把它们放大到足以辨别构成其表面的单个原子，就会清楚地发现，很少有材料是真正"光滑"的。哪怕是抛光度最高的玻璃片，上面也覆盖着密密麻麻的原子"丘陵"和"峡谷"。在大多数材料表面，这种粗糙度要大得多，这意味着两个相互滑动的表面会遇到一些阻力，也就是摩擦。当它们滑动时，这些细微的特征可能相互作用，甚至相互绞合，暂时阻止运动。静摩擦开始起作用，表面保持静止的时间越长，让它们再次移动的难度就越大。与此同时，启动滑动运动的剪切应力会继续对材料施压。这段时间就是"黏滑运动"中的"粘"。最终，使表面滑动的力将超过使其保持静止的摩擦力。

这时表面将迅速向前滑动，直到再次停止。假设系统内没有其他变化，这种"粘住—滑移—粘住—滑移"的间歇性循环将无限重复。

如果你想亲自体验一下黏滑，可以把你的一根手指放在面前的桌子上（或者任何固体表面），然后向前滑动。它容易移动吗？现在重复这个动作，但这一次，在做这个动作的时候，你要尽可能地把手指往下压。你的手指应该会向前抖动，在与摩擦的不断斗争中，移动和卡住这两种状态交替出现。

黏滑摩擦行为可以发生在任何两个表面相互移动的地方，也可以发生在从原子到构造板块的所有长度尺度上。虽然人们对造成这种现象的基本物理机制仍有争议（在第9章中有更多的论述），但它的影响随处可见。例如，黏滑运动对小提琴的发声来说太关键了，演奏者经常在他们的琴弓上涂抹一种特殊的树脂来加强这一效果。[①]湿手指摩擦酒杯边缘时发出的声音也源于这种运动。对那些操作精密机械系统的人来说，这一现象通常被认为是一种困扰或者有待解决的问题，极具危险性。

最早将滑动表面动静交替的运动与地震动力学联系在一起的地质学家是威廉·F. 布雷斯（William F. Brace）和詹姆斯·D. 拜厄利（James D. Byerlee），是在20世纪60年代。当时的主流模型认为，地震是地壳到达断裂点的信号。也就是说，当应力的积累非常大，导致岩石断裂，通过形成断层来释放所有的压力，然后再回到原来的位置时，地震就发生了。虽然这个模型反映了在野外和实验室中观察到的地震运动，但它有一定的局限性。首先，它没有解释压力是如何在被之前断裂削弱的岩石中积累起来的。它还极大地高估了真实的浅壳地震期中应力下降的程度。因此，1966年，布雷斯和拜厄利开展了一系列实验，着手了解这一过程。

一开始，他们对一个未断裂的花岗岩圆柱体施加压缩载荷，逐渐增加应力，直到形成断层。当断层形成时，应力突然下降，并沿其小幅滑动。一旦

---

① 体操运动员、舞蹈演员和赛车手也使用同样的材料，目的都是改善表面之间的抓持力。

该运动停止，布雷斯和拜厄利就重新施加应力。这一次，应力下降发生在积累水平比以前略低的时候，并且没有伴随新断层的形成。相反，花岗岩只是沿着现有断层进一步滑行，然后再次停止。他们写道："这种断断续续的滑动几乎可以无限期地在断层上持续下去，应力不断积累，然后被释放。应力的每一次释放都伴随着断层上的小幅滑动。"（如果你开始觉得这听起来很熟悉，那是个好兆头。）

在第二个实验中，研究人员进一步使用了人工断裂的花岗岩样本，该样本被切割的方向与"自然"断层的方向大致相同。他们再次观察到一种可识别的、断断续续的滑动模式，尽管涉及的应力要小得多。他们在化学成分不同，且经过抛光和粗化处理的岩石上重复了这个实验。在所有情况下，这种黏滑运动均发生了。布雷斯和拜厄利的研究结果让他们填补了现有模型中的一些空白。通过证明"地震可能只代表了岩石所支撑的总应力的一小部分释放"，他们解释了为什么即使是大地震也发生在岩石本应能承受的应力水平之下。它还描述了一种在已经破裂的岩石中突然释放能量的可能机制。

他们的模型并没有描述地震行为的每一个特殊细节，如果它能做到这一点，我们就能用它来预测地震。但在我们对这些事件不断加深理解的过程中，它算得上我们迈出的一大步。它还强调了更深入理解岩石摩擦物理学的必要性，而这一领域将反过来改变我们开展大型基础设施项目的方式。如今，地震断层运动几乎完全被视为断层面上的摩擦滑动。原始岩石的确还会崩裂，特别是在靠近地表的地方，但已知的、活跃的断层行为是由黏滑运动主导的。在真正的断层上，"黏滞期"可能长达数十年，乃至数百年，而"滑动期"通常只有几秒钟。[①]鉴于能量释放得如此迅速，地震经常被比作地下爆炸也就不足为奇了。诸如"其威力相当于……400颗原子弹爆炸"或

---

① 2011年，日本东北部发生的地震（以及由此引发的海啸）夺去了2万多人的生命。在那次地震中，"滑动期"持续了数分钟，这也是其破坏性如此大的部分原因。

者 "相当于……800 万吨 TNT 炸药①" 这样的句子在新闻媒体中相当有代表性，但在我采访的地质学家中没有一个喜欢用这种比喻。正如地质与核科学研究所的乔恩·凯里（Jon Carey）所说："将地震描述为爆炸，这听起来让人觉得它发生在一个点上，并且有某种触发条件得到了满足。但真相要远比这复杂。"

另外，还有一个数字与此相关，该数字通常伴随着那些足以上头条的地震，它就是震级。我们（非地质学家）倾向于认为它是对地震破坏性的衡量，**但从严格意义上讲**，并非如此，或者至少可以说它只描述了部分情况。20 世纪初，震级基于里氏强度，它使用地震仪来确定地震引起的地面运动和地震波的传播距离。通过将这些数据代入一个特定的方程式，地质学家可以得出一个衡量地震大小的标准。尽管里氏震级对较小的地震很有效，但它往往会低估较大的地震，于是渐渐失宠了。

如今，新西兰地质与核科学研究所和美国地质勘探局等机构使用的标准被称为 **"矩量级"**。它使用来自高灵敏度地震仪的地面运动数据来确定滑移的长度，以及断裂发生的区域（最重要的信息之一），并将这些数据与破裂岩石本身的信息——其剪切模量（或称刚度）相结合。这种关系为地质学家提供了一种更可靠的、可以量化地震事件中释放能量的方法。这也意味着在难以弯曲或者剪切的岩石中发生的地震往往具有最高的震级。不过，如果我们要想了解地震对地表产生的影响，我们还要知道它的震源，以及地震深度。

在 10 月的那一天，导致我躲在桌子下面（以及新西兰议会暂时停摆）的震动是 6.2 级地震。无论你用什么尺度衡量，这次地震都被认为是强震。事后，新西兰有近 16 万人向新西兰地震信息网提交了自己的 "有震感" 报告。不过，它并未对地面上的基础设施造成任何损害。地壳的厚度因位置而异，

---

① TNT 炸药，一般指三硝基甲苯。

范围在5~50千米之间。但这次地震的震源深度远远大于这一范围。新西兰地震信息网的传感器测到的深度为207千米，远在地幔之内。因此，它产生的地震波传播速度可达14千米/秒（50000千米/时）。在到达地表之前，必须穿过大量的岩石。这有衰减或者阻尼波的作用，消散它们的能量，进而降低它们潜在的破坏力。发生在更浅处的地震，其能量的释放相对接近地表，因此哪怕是较低震级的事件，也可能对建筑物造成局部损害。

因此，在评估地震破坏力时，我们需要同时考虑地震的震级和震源深度。发生地震的断层类型对其影响同样重大，所涉及的岩石强度和构造力作用区域也是如此。出于这些原因，俯冲带的大型逆冲断层（在那里，一个构造板块俯冲到另一个板块之下，并在一个巨大的区域内不断产生压应力）是地球上震级最大、震源最深地震的发源地。强度仅次于此的地震往往发生在沿着走滑断层的转换边界上。在这些位置，剪切应力的释放可以使地壳在一次地质事件中位移几十米。新西兰的地质结构主要是这样的断层，即沿着北岛东海岸的希古朗基俯冲带，以及沿着南岛大部分地区延伸的阿尔卑斯断层。由此可见，新西兰的确是摇摇欲坠的岛屿。

实验室

那是一个阳光灿烂的日子，我前往惠灵顿郊外的新西兰地质与核科学研究所的主校区。它坐落在宽阔的赫特谷，被一个高尔夫球场和一座大公园夹在中间，是一个风景如画的地方。不过，作为一个已经融入当地的移居者，我知道这个研究所的秘密，它差不多刚好位于该地区最大、最活跃的断层之上，也就是名副其实的惠灵顿断层。我到现在也没想明白，将研究所建在这里到底是最佳之选，还是最奇怪之选。不管怎么说，开车经过它那么多次之后，我很高兴终于能进去参观。我去那里主要是为了采访劳拉·华莱士（Laura Wallace）博士。自从这位地球物理学家搬到新西兰，我就一直在社交媒体上悄悄地追踪她。①除了和我谈论她的非凡研究（我们后面会讲到），华莱士还好心地把我介绍给乔恩·凯里（Jon Carey）博士。凯里博士是新西兰地质与核科学研究所地质力学实验室的首席科学家，主攻岩土力学，这使他成为我最愚蠢的摩擦相关问题的最佳提问对象。

　　"我们是实验主义者，真的，"凯里说，他穿着一件上面装饰有小鹈鹕图案的衬衫，和我面对面坐着，"我们的工作是了解物体如何变形、移动、滑动和滑落。"他的团队想要观察变化的发生，这在野外几乎是不可能的。实际上，他们做的是在可控、可测量的环境中尽可能准确地再现地质事件。凯里的很多实验都聚焦于山体滑坡，不过他也研究了来自新西兰许多断层的样本，他说这是因为"虽然它们看起来不同，但它们都是同一类问题的一部分"。归根结底，两者都涉及岩石的变形，而这个过程的一个关键特征是**孔隙流体压力**。大多数岩石是由不同大小、形状和化学成分的颗粒构成的。但当我们打算了解任何特定岩石的属性时，这些颗粒之间的空间与颗粒本身一样重要。这是因为在地下，这些孔隙往往容纳着可以直接影响岩石力学特性的流体。你只需想一想干沙和湿沙之间的区别，就能明白水的潜在作用。虽然多孔岩石中可能存在天然气和石油，但水才是通常被讨论的流体。

　　"这是一种迷人的材料，"凯里说，"人们认为水是一种润滑剂，因为它可以使表面更滑，但从地质学角度来看，它发挥的作用并不是这个。它之所以对我们如此有影响力，是因为它在负载下没那么容易改变体积。"换句话说，水几乎不可能被压缩，事实上，孔隙流体会施加自己的压力，这有助

---

① 我所说的"追踪"是指关注她的社交媒体，阅读她的研究论文和新闻报道。不要担心。

图17　这辆车掉进了新西兰克赖斯特彻奇地震造成的一个陷坑，深灰色的液化泥浆包围着它，将其困在原地，车上的人逃了出来

于岩石抵御作用在它身上的许多压力。"被困在岩石中的水不断反推，这就产生了有效应力的概念，"凯里解释道，"含水量越高，作用在岩石上的有效应力就越低。"他向我保证，只要你进入地壳足够深，几乎所有东西都被水浸润着，水在靠近地表的地方也很重要。自20世纪30年代以来，已经有无数研究将孔隙流体压力的上升与山体滑坡联系起来。这一因素与快速摇晃相结合时，其影响可能是灾难性的。

2010年和2011年，新西兰克赖斯特彻奇遭受了一系列地震袭击，导致许多人丧生，城市面貌也发生了永久性的改变。这些事件之所以具有如此大的破坏力，部分原因是该城市所处的沙质土壤。当开始摇晃时，它导致土壤在重力作用下被压缩，封闭了颗粒之间的空间。在干燥的固体中，这将增加材料的密度。但在这里，存在于孔隙中的水反抗这种变化，其压力开始迅速上升。最终，就像从沸腾的水壶中逸出的蒸汽一样，受压的水试图找到一条出路，并携带着泥沙向上移动。"你最终得到的是一种冒泡的且失去了所有强度的、类似果冻的东西，"乔恩说，"只要震动还在继续，以前是固体的整块地面就会表现出类似液体的特性。"液化过程很可怕，会让人想起童年时陷入流沙的噩梦。拍摄于克赖斯特彻奇地震发生后不久的照片显示，有数十座倒塌的建筑物和大量车辆**被困在道路里（而不是道路上）**（见图17）。液化的长期后果是，整个郊区被绿地永久地取代了。当地相关部门宣布，这些土地风险太大，不宜在上面搞建设。①

有效应力只是在实验室开展工作的地质学家在设计实验时必须考虑的众多因素之一。"每个实验都有它的优缺点，"当我们下楼梯向地质力学实验室走去时，凯里告诉我，"没有一台机器可以测量所有东西。但每台机器都为我们提供了一种探索基本过程的方法。建模有助于将这些知识与实地观察结果相结合，当我们将这些元素全部联系在一起时，我们便可以对地表之下发生的事情有一个相当透彻的理解。"

跟着他穿过一扇蓝色的大门，我看到一间看起来更像车间，而不是科学实验室的房间。"这是样本准备室。"凯里指着各种装着岩芯样本的箱子和上面摆满岩石（上面布满了圆柱形小孔）的架子说。这个空间干净整洁，但显然得到了充分使用。帮助移动和切割沉重样本的辅助工具各安其位，上面贴有大量的标签，危险标识清晰可辨。空气中充斥着一种发霉的，却奇怪得令人心安的气味——来自岩尘。我立刻喜欢上了它。"我们制作的每个样本的大小和形状取决于我们计划的测试。不过总会有妥协的时刻，"他叹了口气说，"小样本更容易准备，但缺少我们在野外看到的天然多样性。但如果样本较大，我们就得接受，我们无法接近我们想要测量的东西。"他们面临的另一个主要挑战是如何处理他们的样本，因为凯里的实验室不是小心翼翼地把它们储存起来供后人使用，而是把它们毁掉。"官方术语是'将它们测试到失效'。"他笑着说。作为一个曾经把自己的测试样本当作珍宝的人，我可以理解为什么其他地质学家可能没那么喜欢分享。

走上一个小斜坡，我们进入了真正的实验室，迎接我们的是各种马达、空气过滤系统和水泵的轻微嗡嗡声。我们周围都是设备，它们仿佛来自地质科学的各个时代，还有很多电脑显示器。实验室技术员芭芭拉·林德赛尔

---

① 要查看克赖斯特彻奇液化区的交互式地图，请在网络浏览器上搜索"Canterbury Maps Liquefaction Susceptibility"。

（Barbara Lyndsell）正忙着操作其中一个大组件——一座高大的框架，支撑着两个大的钢制滑轮。滑轮上下排列，中间有很大的间隙。林德赛尔从中取出一个圆柱形容器，里面装着一块用橡胶包裹的岩石。"这是我们的三轴仪，"凯里指着负载框架说，"样本被放置在它的基座上，橡胶管阻止水进入样本或者从中漏出。"在这种情况下，样本接受的是"不排水实验"。通过在管道中浸透样本，然后将其包裹在一个压力受控的水槽中，凯里和林德赛尔再现了岩石在地下受到的一些应力。而且由于输入可以精确控制，这种装置提供了一种直接测量样本的孔隙流体压力随不同载荷变化的方法。

事实证明，控制水的体积或者压力是包括凯里在内的每个专业地质力学家的重要方法。"解读岩石或土壤样本的特性时，我们总是要考虑很多变量。这种方法帮助我们缩小范围，这样就可以测量我们真正感兴趣的东西了，"走过实验室时，他继续说，"对于土力学，特别是如果你从事土木工程，有效应力和过剩孔隙流体的产生是你主要考虑的问题。对断层来说，摩擦和剪切力才是关键。我们可以在负载框架上测量剪切力，但这里还有另一个选择。"

我们面前有一个长方形的真空室，比鞋盒大一点，敞开放在一个重型铝制工作台上。我向里面看去，看到了一个上面带方孔的厚钢块。"这就是放岩石样本的地方吗？"我问道。

凯里点了点头："但是你有没有看出来，厚钢块是由上下两个块组成的？当盖子落在真空室上时，它把螺丝钉固定到样本架上。然后用它们稍微抬起上面的岩石块。"在样本架上维持一个微小的间隙是很重要的——它在岩石身上创造了一个自然的薄弱平面。在实验中，只有样本的下半部分被剪切推杆推向一侧，上半部分则保持静止。一旦剪切力达到临界阈值，岩石就会沿薄弱平面崩溃或者断裂，产生一个剪切面。这不仅提供了样本强度的信息，如果继续推动，他们还可以看到断层上的摩擦。"这个装置提供了相当长的距离供我们推动，这意味着我们可以测量摩擦是如何随着位移的变化而变化的。"[1]简而言之，凯里可以研究断层的行为方式，它是自由滑动，还是立即停止，抑或更倾向于黏滑？

这个特殊的剪切箱能做的另一件事是摇晃，他解释说，这是一个巨大的额外好处。"材料的动态特性与静态特性可能非常不同。因此，有了这个，我们就能更接近我们在自然界中看到的东西了。"测试样本的准备是一个缓慢的过程。首先，真空室被充入二氧化碳，以排出空气。然后，经过特殊去气处理的水慢慢滴入样本，并充满真空室。一旦系统被完全浸润，样本就会被施加一个可以起巩固作用的恒定负载，以模仿岩石所处的自然环境。对于某些样本和他们试图重现的深度，仅巩固步骤就可能需要几天时间。为一个几秒钟就结束的事件做这么多准备工作也许看起来很疯狂，但是值得的。通过确保他们的实验准确地反映了真实的地面条件，科学家就可以相信他们的测量结果，并知道他们得到的数据是高质量的。这些测试（以及在世界各地的类似实验室中进行的测试）中的每一项都使我们更接近解开塑造我们脚下地面的复杂力量之结。

震源

刚开始写这一章时，有些事情一直困扰着我。鉴于板块边界上的所有岩石在压力作用下都在不断地移位和变形，我发现自己开始思考为什么我们会有地震平静期，以及究竟是什么让地震停止了。"黏滑！"我仿佛听到了你

---

① 乔恩所说的"相当长的距离"是指 12～14 毫米，但从地质力学的角度来看，这已经够用了。

的回答。我知道，我知道，但这是用来回答"**如何**"的，并不能解释**为什么**会发生。是什么决定断层是悄悄地蠕动还是要轰轰烈烈震一回？

"当我们感觉到地震时，它实际上是三件事的组合效果：震源处发生了什么，地震波从震源向外传播的过程中经历了什么，以及地表附近发生了什么变化。对于你的问题，我们只需要看一下滑移发生的位置——震源本身。"当我们坐在惠灵顿维多利亚大学一处热闹的中庭时，卡罗琳·博尔顿（Carolyn Boulton）博士说。我找对地方了。博尔顿是研究阿尔卑斯断层地震的专家，在测量断层岩石的摩擦特性方面有超过10年的经验。

她首先解释说，断层很少由光秃秃的岩石表面构成，而是由**断层破碎物**构成的。这个词指的是由断层的研磨力产生的细小且通常呈黏土状的岩石碎片。因此，断层破碎物的特性对于理解断层本身的摩擦行为至关重要。就在我们交谈的时候，博尔顿和几个同事刚刚在《结构地质学杂志》（*Journal of Structural Geology*）上发表了一篇论文，研究对象是一种特定类型的断层破碎物——在阿尔卑斯断层南段发现的皂石。人们已经发现，在沿这条断层发生的所有地震中，有一半以上是在中部和南部的边界处突然终止的。因此，博尔顿开始探索皂石破碎物在这种奇怪的阻震行为中可能发挥的作用。

为了理解这项研究结果，我们需要稍微绕一下道，进入速率与状态变量摩擦的世界，博尔顿将其描述为"我们尝试理解岩石摩擦特性的框架"。听起来很花哨，但实际上，它就是一套可以帮助地质学家解读实验室里观察到岩石行为的方程式，而且有多个版本可供使用。不过，使用时有几个关键要点：

（1）两个表面之间的**静态**摩擦系数取决于它们相互接触的时间长短。因此，断层"被粘住"的时间越长，其表面之间的摩擦力就越大。

（2）**动态**摩擦系数取决于滑动速度，不过温度等其他因素也有一定影响。

（3）如果断层经历了滑动速度的突然变化，其摩擦力的大小也会发生变化，在一个特定的滑移长度上，这取决于表面的粗糙度。

摩擦的这种速度依赖性在方程式中通常被概括为"摩擦率参数"（a-b），可以通过实验来确定。它的值告诉你，包含该岩石的断层将以怎样的方式滑动，稳定还是不稳定的。这就是博尔顿想在她的阿尔卑斯断层南部皂石样本中测量的东西。她使用的是美国地质勘探局位于加利福尼亚实验室里的专业三轴剪切系统。

"无论我们对皂石施加什么样的正常应力，它在摩擦方面都非常脆弱，"她说，"但是当我们施加一个大的速度梯度时，就像来自远处的地震波遇到断层时可能出现的情况一样，我们发现它的强度随着速度增大了。在所有温度、压力和滑动速度下，a-b的值均为正（>0）。"换句话说，如果她朝着样本猛踹一脚，它们会变得更坚固。"这意味着这种岩石永远不会引发地震——滑移在摩擦方面总是稳定的。"而且如果地震不能发生在某个特定的岩石类型中，这也意味着发生在其他地方的地震不能通过这种岩石传播。它的强化行为起到了负应力下降的作用，不能给予断裂所需的能量，真正地阻止了它的发展。与此相反，博尔顿之前发现，随着温度的升高，阿尔卑斯断层中部含绿泥石的断层破碎物由速率强化变成了速率弱化。"在高温下，这些材料表现出巨大的应力下降，"她解释道，"它们非常不稳定，这意味着它们可能会成为震源。"

断层在地震中的行为还涉及其他因素，包括断层方向、力矩大小和孔隙流体压力，但是当被要求做简单总结时，博尔顿笑着说："从本质上讲，我们现在把断层看成是由真正不稳定和真正稳定的事物共同构成的区域。断层的行为方式取决于这些事物的相对分布。"断层是混乱的，它更像是一床做工粗糙的拼接被子，而不是一张平滑的棉质床单。这使人们很难仅用几个方程来准确描述它们的所有特性。速率和状态摩擦定律做得很好，但在21世纪初发现的一个现象表明，它们需要更新……我们的地球家园仍然有一些关于地震的秘密不肯示人。

缓慢

近20年来，地球物理学家劳拉·华莱士博士被希库朗基俯冲带深深吸引。华莱士出生在美国，她的大部分职业生涯都在研究那些定义了新西兰最大、最活跃断层的复杂板块边界过程，她的工作从根本上改变了我们对地震的认识。因此，当我和她一起坐在她新西兰地质与核科学研究所的办公室里时，为了想出一个好问题，我绞尽脑汁，同时还要尽量避免自己看起来像个小迷妹。

"好吧，所以我们这是在看什么呢？"盯着她的电脑屏幕，我终于尴尬地问道。屏幕上显示的是新西兰北岛的地图，上面覆盖着两个巨大的斑点，一个是蓝色的，一个是红色的，被一条从西南延伸到东北的、弯弯曲曲的线一分为二。

"它基本上可以表明板块运动并不均匀，"华莱士告诉我，"这个蓝色区域正在稳步蠕动，但红色区域是板块目前锁定在一起的地方。"看来，对于我的"断层混乱"规则，希库朗基俯冲带也不例外。该区域标志着两个板块的交会：在那里，太平洋板块以每年32毫米的速度向澳大利亚板块下方俯冲。板块之间实际交汇面谷底的最浅处仅低于海平面3千米。这发生在北岛东海岸，但随着你向西移动，交汇面下沉。"所以在惠灵顿，它大概位于我们下方25千米的地方，"华莱士解释道，"板块向下俯冲，越往西越深。"在俯冲带的最深处，岩石又热又软，使得板块能够相对容易地变形和相互滑动。但在较浅的地方，岩石更脆，所以它会抗拒这种运动。摩擦起主导作用，导致板块暂时锁定在一起，压力开始累积。"像这样的断层可以粘在一起，积聚了几百年乃至几千年的压力，"华莱士说，"最终这些压力将超出断层的强度。如果它迅速滑动，其结果便是一场地震。"

新西兰板块边界"黏"的部分相当宽广，宽70千米，长140千米，就位于该国包括首都在内的人口密集地区的下方，因此，很明显有必要监测其行为。这就是新西兰地震信息网可以大显身手之处。1989年1月开始投入使用的两台浅层地震仪已经发展成为一个庞大的国家地球物理仪器网络，从海平面测量仪到气压传感器，应有尽有。GPS接收器在了解地面变形方面特别重要，因为它们可以帮助地质学家准确定位，并精确地追踪地球表面的位置。① 处于"黏"状态的板块边界就是由这些单元最早识别出来的。它们还做了别的事情，华莱士笑着说："连续监测的附加价值在于，有时你会看到你意想不到的东西。"

早在1999年，加拿大地球物理学家赫伯·德拉戈特（Herb Dragert）就注意到，他在温哥华岛（卡斯卡迪亚俯冲带的所在地）监测的一系列GPS站点有些奇怪。他写道："一个由7个站点组成的集群短暂地扭转了它们的运动方向，相对于板块的惯常路线，一些站点向后移动了，幅度高达4毫米。通常情况下，这种长度的滑动会伴随着相当强烈的地震，但是这个事件似乎没有触发任何地震信号。最关键的是，这4毫米的滑移发生在15天内，而不是几秒钟内。"同年晚些时候，一组研究人员在另一处边界——日本西南部的丰后水道，也有类似发现。它们被称为**慢速滑动事件**，是一种地质学上的奇怪现象，介于板块稳定、缓慢的蠕动和造成地震的快速滑动之间。它

---

① 严格来说，GPS是美国"全球定位系统"（Global Positioning System）的缩写，也是第一个投入使用的定位系统。但正如"吉普"这个词已经可以表示所有同类车型，而不只是某一个品牌，GPS也可以笼统地指代所有卫星导航系统。

们**确实会**释放能量，通常与大地震释放的一样多，只不过释放得缓慢而无害，几乎无法被察觉。而在科学领域，只要出现不符合现有模型的东西，就会有一群研究人员急切地想要研究它。

"那是一段非常激动人心的日子，"华莱士坐回椅子上说，"我于2002年5月来到这里，专门为新西兰地震信息网设计新的、可以连续工作的GPS网络。考虑到来自卡斯卡迪亚和日本的那些结果，我们急切地想把我们的设备安装在野外。"事实上，当时劳拉的内心非常迫切。她主动放弃了她在新西兰的第一个周末，在东海岸的大镇子吉斯伯恩建立了一个GPS站点。她的付出得到了回报。"2002年10月，我在吉斯伯恩注意到这种奇怪的移动，两周内向东移动了几厘米。我想：'我的老天，我们也有慢速滑行！'从地表位移的角度来说，我们的地质事件比以前报告的那些要大得多。"

从那时起，地质学家对慢速滑动事件，它们通常被称为"无声地震"有了更多的了解。首先，它们中的大多数发生在地球上的主要俯冲带，甚至还有一些转换断层，如加利福尼亚的圣安德烈亚斯断层。其次，根据华莱士的说法，它们似乎位于某个临界点上，"在速率强化和速率弱化行为的过渡期间"。再次，慢速滑动事件并不是真正的无声。想象一下，听一个人在嘈杂的房间里对着麦克风小声说话的录音。别管他说的是什么，搞不好还挺有趣，都被无处不在的嘈杂声淹没了。现在想象一下，你有10个，而不是1个麦克风，全都连上这个人的声音。如果你同时播放这些录音，你说不定就能在音频信号中找到共同的区域，未必是特定的词句，但你可以弄清楚这个人什么时候说话。这就是科学家发现"无声滑移的嘈嘈切切"的基本原理，这种滑移的正式名称是**"偶发性震颤"**或者**"非火山性震颤"**。一台地震仪不足以确定有什么不寻常的事情发生，但是通过比较多个地震仪留下的印记，就有可能识别出模式，从噪声中挑出信号。在一篇著名的论文中，德拉戈特和他的同事加里·罗杰斯（Garry Rogers）直接比较了卡斯卡迪亚地区几年来的 GPS 位移数据和地震仪记录的震颤活动。两者之间有明显的关联性，这表明虽然这些慢速滑动事件没有"传统的"地震波相伴，但它们确实产生了"独特的非地震信号"。

渥太华大学的杰罗米·戈斯林（Jeremy Gosselin）告诉我，在卡斯卡迪亚边界，慢速滑动事件"像钟表一样，每 14.5 个月发生一次"，但希库朗基俯冲带的慢速滑动事件就不是这样了。华莱士和她的同事探测到的几十次滑动已经证明是多种多样的。在俯冲带北部，慢速滑动事件往往是"浅（>15千米）、短（<1个月）、频繁（每 1~2 年）"的模式，而在南段，它们发生在更深的地方，持续时间长达 1 年，且不太常见。另外，事实证明，为新西兰慢速滑动事件中的震颤找到确凿的证据也是一个挑战。尽管一些事件中确实有震颤，但在其他事件中，伴随着慢速滑动事件的是更典型的地震信号。这也许只是反映了希库朗基边缘的复杂结构，但由于大部分海沟都被埋在数千米的水下，所以对我们了解其结构毫无帮助。那么，你如何在浩瀚的海洋中识别出微弱而嘈杂的信号？

"霍比特人（Hobbits）？"我问道，我肯定是听错了，"我知道我们在新西兰，但是……你当真？！"

她笑着说："我说的这个词的拼写是 H–O–B–I–T–S–S[1]，表示'希库朗伊洋底震颤和慢速滑动的研究'。"2014 年，由她领导的 HOBITSS 实验在吉斯伯恩附近的海底部署了 39 台仪器，其中有 24 台是超灵敏的海底压力计，它们会持续测量上方水体施加的绝对压力。华莱士解释了它们的工作原理："如果发生了一次慢速滑动事件，并引起海底上升，哪怕只是几厘米，这意味着传感器上方的水变少了，然后它就会记录下压力下降。如果海床下降，你则会测量到压力增加。"就在部署这些仪器几个月后，该仪器阵列很快在希库朗伊海沟附近检测到一次大型慢速滑动事件，使 HOBITSS 成为世界上第一个

---

① Hikurangi Ocean Bottom Investigation of Tremor and Slow Slip 的缩写。

成功展示这一技术的研究。"我们的GPS网络很了不起，但它只能告诉我们陆地上的事情，"华莱士说，"有了压力传感器的加入，我们可以更好地确定慢速滑动事件的时间。而离地震发生地更近，意味着我们可以对地震地貌有一个更加完整的认识。"

地质学家仍在努力解释的一件事是这些无声地震的**成因**。岩石类型和摩擦特性是一个选项。另一个是孔隙流体。"近些年，有一种观点认为慢速滑动事件发生在流体压力非常高的地区，"新西兰地质与核科学研究所的艾米莉·沃伦-史密斯（Emily Warren-Smith）博士说，"这将减少正常的压力，可能使它更容易滑动。"她接着说："但这并不能解释一切，它们是偶发事件，也就是说，要想让它们发生，就必须有所改变。"沃伦-史密斯开始从HOBITSS洋底地震仪的数据中寻找线索。"我们注意到在慢速滑动事件发生前后，断层样式发生了变化，应力场也发生了变化，"她接着说，"综合来看，这些观测结果表明流体压力的增加是这一过程的驱动力。"沃伦-史密斯和她的同事现在认为，从俯冲板块释放出来的流体逐渐在其表面积聚，并对其进行润滑。在他们看来，正是这种滑溜引发了有可能持续数周、数月乃至数年的慢速滑动事件。滑动过程中形成的变形和裂缝使流体得以排出，从而减小了压力。最终矿物质将慢慢填满裂缝，重新密封系统，并使流体压力再次增加。就这样，循环往复。

一项针对卡斯卡迪亚俯冲带的研究使用完全不同的测量技术，得出了类似的结论。那篇论文的主要作者戈斯林（Gosselin）说："在慢速滑动事件中，我们看到地震速度的变化只能通过孔隙流体压力的波动来进行合理的解释。"因此，它看起来很有希望。

我对劳拉·华莱士的采访快结束时，我发现自己思考慢速滑动事件的更广泛影响，即它们是否会引发更大规模的地震？华莱士回答道：

我们都知道，在适应新西兰北岛的太平洋板块和澳大利亚板块之间的相对运动方面，它们发挥了巨大的作用。虽然我们在世界各地看到了数以百计乃至千计的慢速滑动事件，但其中只有少数引发了真正的大地震。但在我看来，了解慢速滑动事件和地震之间的这种时空关系是我们能做的最重要的事情之一。因为如果我们能够搞清楚这种相互作用，也许有一天我们能更加准确地预测大地震。

冲击

凯库拉半岛位于新西兰南岛东北部，是著名的海洋生物天堂。来自世界各地的游客来这里一睹占据其海滨的抹香鲸、暗色斑纹海豚、虎鲸、海豹和信天翁。但在 2016 年 11 月 14 日，一个突发事件使其登上新闻头条。当时午夜刚过，怀奥小镇附近发生了一场 M 7.8 级的浅层地震。在短短 74 秒内，它向东北方向冲去，沿着 170 千米长的海岸线"解压"。在一些地区，陆地的水平位移高达 12 米，而在另一些地方，巨大的山体滑坡迫使国家公路和主要的铁路线关闭。另外，还有 2 人在地震中不幸丧生。

如今，该事件被认为是陆地上有记录以来最复杂的地震之一。它产生了新西兰所有地震中最强的地面加速度，并在相隔 15～20 千米的断层之间跳跃。这挑战了人们长期以来的一个假设，即通常来讲，断层之间仅 5 千米的差距就足以阻止地震。它还激活了横跨两个不同地震构造系统的超过 24 条断层，并以某种方式绕过了"该地区最大的地震危险源"——霍普断层。凯库拉地震发生后，地质学家立即开始收集数据，从收集土壤和岩石样本、在断层上挖沟，到通过GPS、航空成像和激光雷达技术（光探测和测距，也就是使用激光测量距离）追踪位移。从那时起，已经有近750篇关于该事件的论文发表，每一篇都希望能揭开一些谜团。[①]

德国慕尼黑大学的一名研究人员提出，霍普断层没有破裂是由于"动态应力的不利分布"。另一项由法国蔚蓝海岸大学领导的研究，试图将凯库拉事件与北岛的"怀拉拉帕断层的负荷"联系起来。华莱士博士和她的团队观察到，在地震发生后，北岛发生了多个长达数周的慢速滑动事件。他们还认为，南岛北段下面的板块边界在地震发生后的三个月内滑动了0.5米，"缓慢地释放能量……相当于一次7.3级地震"。

"整个事件令人惊讶，"新西兰地质与核科学研究所的地震地质学家罗伯·兰格里奇（Rob Langridge）博士说，"即使在一系列很不寻常的事件中，帕帕提亚断层的断裂也格外引人注目。"兰格里奇绘制新西兰活动断层分布图已有20余年，所以当我看到他办公室墙上张贴着大量的图表、照片和地图时，并没有很惊讶。他特地让我看了一张地图，上面显示了凯库拉以北的所有已知断层。帕帕提亚断层立即引起了我的注意，因为它的方向与周围的其他断层截然不同。它不是向东北方向延伸，而是向南弯曲的。"帕帕提亚断层之前被绘制为地质断层，但是并没有足够的证据证明新近形成的表面上出现了断层。"兰格里奇说。简而言之，人们并不认为它是一个活跃断层。然而，在那次地震中，他说它产生了"所有断层中最大的垂直运动。在不同的位置上，该断层和与之相关的三角块向上移动了8～10米，向南移动了4～6米"。

正是由于断层可以移动这么远的距离，所以我们有理由认为一定有大量的压力积聚，对吗？"这是我们在2018年中期的一篇论文中得出的结论，"

---

① 2020年3月3日，在谷歌学术网站上用关键字"Kaikoura quake"（凯库拉地震）搜索，去掉引用和专利，得到748个结果。有趣的是，换用"Kaikōura quake"（给地名中的字母o加上应有的长音符号），只得到243个结果。

兰格里奇笑着说，"我想我当时说的是'一个断层如果要移动 8～10 米，它需要 5000～10000 年的时间来积累应力'。结果呢，我们在断层上挖沟后发现，它在过去的一千年里实际上移动了 4 次。所以，这是我们没有想到的。"

加拿大维多利亚大学的研究人员联系了兰格里奇，希望能参与研究该断层的异常行为。他们将来自该地区机载激光雷达调查的数据（在地震前后均有测量）输入他们开发的新算法中，能够绘制出三维的表面位移示意图。他们的发现震惊了所有人，甚至包括兰格里奇。他们的结论是，帕帕提亚断层滑动时没有释放震间的应力能量。他们写道："相反，这是对邻近弹性断裂引起的缩短的快速反应。"因此，帕帕提亚断层的崩溃并不是为了释放积聚的应力，而是因为周围其他断层的运动挤压了它。它们的滑动"激活"了这个断层，并触发它滑动。

无论以何种标准衡量，这都是一种奇怪的行为，它与断层力学的一些基本假设背道而驰。而从"在地震带上安全生活"这一务实的角度来说，帕帕提亚断层的断裂也具有重要而广泛的影响。虽然在未来我们可能永远无法准确预测地震的时间、地点和震级，但地质学家可以根据概率做出短期和长期的灾害预测（并且已经这么做了）。这些预测考虑了以前的地震活动、行为模式和对地面条件的了解等因素，被政府、保险公司和工程师广泛用于制订规划方案。地震预报通常还基于"弹性应力的周期模型"。该模型认为，断层逐渐积累应力，直到突然崩溃，释放能量。但是帕帕提亚断层没有遵循这个模型。它缺乏关键因素——储存的地震应力，但它还是断裂了。而且这不是普通的滑动。它产生了数米的位移，如果发生在人口密集地区，这种规模的位移可能会产生灾难性的影响。在这些研究人员看来，这样的结果表明，"我们不能仅仅依靠应力积累率来做潜在破裂的指征"。

* * *

从地质学发展的早期阶段开始，科学家就对关于塑造我们世界的过程有了大量了解。我们对它们如此熟悉，以至于可以观察其他行星的结构，并描述它们是如何形成的。但是我们脚下的大地远远不能用稳固来形容，从裂缝和不断变化的摩擦力，再到起伏不定的流体压力，地震活动仍然充满了意外，而且说不定我们可能永远无法真正了解它。但这并不意味着我们不应该尝试。本章介绍的这些地质学家是我见过的科学家中超级有活力和魅力的。他们长期从事这项工作，决心从数千兆字节的数据中挑选出有用信息，尽可能测试每一个样本，并利用周末时间安装新的传感器。所有这些都是为了保护我们的安全。当我坐在我的办公桌前，坐在一座建在沙地上的房子（在一个活跃的断层附近）里时，上述想法给了我一些安慰。尽管如此，我还是备好了地震应急包……

第7章

破冰

冰为什么是滑的？这听起来像是一个5岁孩子会问的问题，但很难回答。

在教科书中，冰的滑溜通常被错误地归因于一种叫作"压力熔化"的现象。这一现象指的是，当你向冰施加压力时，比如直接在冰鞋纤细的冰刀下，你就创造了一个润滑的水层来提供滑性。向固体施加压力的行为将其原子推到一起，使其密度变大。由于水的密度比冰大，所以当冰被施加压力时，一些固体会变成液态水。[①]可是生成的水膜太薄了，一旦冰刀经过，便会重新结冰。没有人怀疑水参与了滑冰运动——在溜冰场上尴尬地摔一跤，你就能体会到冰不容忽视的潮湿了。鉴于一根铁丝只需用两个砝码就能穿过一块冰，压力显然也起到了作用。但这远非故事的全部。

研究一再表明，最重的滑冰者所穿的最锋利的冰刀只能使冰的熔化温度降低不超过几度。**也许**这种影响足以熔化相对"温暖"的冰，也就是温度在冰点（0 ℃）或者接近冰点。但是多项冬季运动的最佳温度远远低于0 ℃。鲍勃·罗森伯格（Bob Rosenberg）教授曾在研究工作报告中指出，花样滑冰的冰面温度应该在 -5.5 ℃ ~ -3 ℃之间，而对冰球来说，-9 ℃左右是最理想的温度。几十年来，有多位北极探险家报告说，他们能在 -30 ℃的环境中滑雪。压力熔化无法解释在如此寒冷的温度下为何会有液态水存在。退休的物理学教授汉斯·凡·莱文（Hans van Leeuwen）最近称，"冰可能在滑冰者在某一地点停留的1毫秒内就被压力熔化"的想法是"不可思议"。压力熔化的最后丧钟是什么？这并不能解释为什么你穿着平底鞋也能在冰上滑倒，要知道平底鞋所施加的压强要比滑冰鞋的小得多。

所以，一定还有其他因素在起作用。

---

① 我们本能地知道，冰的密度比水的小，这就是为什么湖面上有时会漂着一层冰，但还是很奇怪。不过话说回来，冰是一种非常奇怪的固体。

"摩擦!"我听到了你的呐喊,"它能产生热量,使冰熔化!"好吧,让我们来看看这个理论。1939 年,两名研究人员在瑞士的一个高海拔研究站——少女峰附近建造了一个冰洞。在那里,在液态空气和固态二氧化碳的帮助下,他们探索了冰在 0 ℃以下(低至 −140 ℃)熔化的可能原因。他们研究的不是冰鞋,而是由不同材料制成的滑雪板。他们的想法是,如果压力是罪魁,那么无论滑雪板由何种材料制成,他们都会看到同样程度的熔化。如果摩擦是祸首,他们会看到光滑的黄铜滑雪板和木制的滑雪板下面的熔化程度不同。

事实上,他们发现两者都有一些。在非常低的温度下,摩擦熔化被发现完全占主导地位,这(部分)解释了为什么在远低于 0 ℃的温度下滑冰或者滑雪是可能的。但是当接近冰的熔点时,摩擦逐渐减少,压力熔化开始发挥它极其有限的作用。后来的多项研究证实并正式确认了这些发现,但大多数研究仍未能回答一个重要问题:为什么即使你站着不动,冰也会滑?如果你像我一样不优雅,你就会知道,在你的脚刚接触到冰的一刹那,你就有可能滑倒,而那时还没有足够的时间来产生将冰熔化成水所需的摩擦或者集中压力。

如果冰的滑性不能用作用于其上的外力来解释,那么它也许源自冰本身的内在因素。这是传奇的实验科学家迈克尔·法拉第(Michael Faraday)的观点。1850 年,他用成对的冰块开展了一系列实验,结果显示,当它们相互接触时,会冻结在一起。法拉第将这一过程称为"复冰现象"。他认为,每块冰的表面都有一层天然的液态水薄膜,它的存在对于帮助两个冰块相互融合至关重要。在受到同行冷嘲热讽后,法拉第又发表了关于复冰进一步研究的文章,并得出了同样的结论。但是这个研究在某种程度上又被忽视了,可能是因为当时人们对原子和分子的存在仍有质疑。

将近一百年后,才有另一位科学家开始探究"固有液态水薄膜"这一概念，而且这一次它没有被学界忽视。剑桥大学工程系的查尔斯·格尼（Charles Gurney）教授指出，冰面上的分子不如冰层深处的分子稳定，因为能与它们结合的水分子较少。因此，他说，这些不稳定分子的运动就是促使液态水层形成的原因。格尼的论文真正打开了闸门，随着新实验工具和技术的发展，我们对如今被称为"表面熔化"（或"预熔化"）的现象（在温度远低于其正式熔点的固体表面形成"液体"层）有了更多的了解。例如，我们现在知道，不只有冰上会出现这样的超薄层，其他许多固体的表面也发现了它们（我承认，这一发现让我略微感到恶心："哎呀，所有东西都有一点湿。"）。我们还了解到，它们的厚度（估计在 1 ~ 100 纳米之间）取决于温度和冰中是否存在杂质（如盐）。此外，2016 年，日本科学家在实验室环境中用光学显微镜观察到了这些超薄层，尽管我们还没能在溜冰场上观察到它们。

　　一组来自阿姆斯特丹大学和德国马普研究所研究人员的研究很可能最接近揭示冰滑性的复杂物理原理。2018 年，由丹尼尔·博恩和米沙·博恩（Mischa Bonn）教授领导的团队专门研究了滑动摩擦（又称"动能摩擦"），也就是当两个表面相互滑动时它们之间的摩擦力，比如冰鞋滑过溜冰场时的摩擦力。[1]不过最令他们感兴趣的是分子层面的情况。他们能否弄清楚单个水分子在冰面上的行为？回答这个问题的第一步是设计一系列实验。在这些实验中，他们可以将一个压头（一颗胡椒粒大小的钢球和一颗玻璃球）以可控的方式在不同的冰面上滑动。[2]在他们的设置中，他们可以改变滑动速度和施加的力，以及冰本身的温度这一重要因素。

　　在 $-100\ ℃$ 低温下，他们发现了一个极其奇怪的现象。当冰足够冷时，它一点也不滑。事实上，它是一个摩擦力非常高的表面。在钢球下，冰的

---

[1]　米沙和丹尼尔是兄弟。丹尼尔的名字在引言中出现过。我们提到他正在领导一项关于干沙、潮沙和湿沙的滑动摩擦的研究。

[2]　我为这个类比测量了 20 个干胡椒粒的直径，得到的平均结果是 4.95 毫米。而压头的直径是 4.8 毫米。所以，我觉得这已经很接近了。

表现就像粗糙的玻璃一样。但随着冰的温度升高，摩擦力逐渐**下降**，并在
–7 ℃时达到最低。当他们将温度调高到温暖的 0 ℃时，他们观察到摩擦力
急剧增加。使用玻璃球时也出现了同样的趋势。这表明无论何种材料，在
冰上滑行均有一个最佳温度，也就是 –7 ℃。在其他温度下，滑冰者和滑
雪者将不得不面对更大的摩擦。冰的特性会随着温度的变化而变化，这
一事实也许并不令人惊讶，你只要回想一下冰箱储存的巧克力与室温下保
存的巧克力口感有什么不同就明白了。但这种变化是显著的。钢与冰的摩
擦系数在 –100 ℃时比在 –10 ℃时**高 50 倍**。然后是一个神秘的过渡点。为
什么摩擦力在最低温度和 –7 ℃之间会下降，而当超过这个温度时又会重新
攀升？

　　这里有一些线索：当在 –7 ℃ ~ 0 ℃温度下滑动冰块时，研究人员能够观
察到压头钻入冰块，使其明显形变。当温度低于 –7 ℃时，压头对表面没有
产生明显的影响。因此，无论发生了什么，它都与冰面上分子间键的强度有
关。博恩兄弟进入了他们研究的下一个阶段，利用他们的数据和单个分子的
计算机模拟，建立一个表面的计算模型。该模型显示，每个冰层的表面都有
两种不同类型的水分子。

　　在地球上，冰往往具有高度规则的晶体结构。[①]这意味着每个水分子都
被 4 个"邻居"包围，并与之化学键合。然而，冰表面的水分子往往只与
3 个相邻的分子键合，这仍然足以将它们固定在那里。但是米沙和丹尼尔发
现，在这些三键分子中间，还混杂着一些只与其他两个分子结合的。这种差
异——三个键和两个键，有着巨大的影响。博恩兄弟发现，这些双键分子具
有高度的流动性，可以像微型轴承一样在冰的表面滚动。

　　"它们非凡的灵活性真的让我们感到意外。"丹尼尔·博恩从阿姆斯特丹

---

① 尽管晶体冰是迄今为止冰在地球上最常见的形态之一，但在我们的太阳系和更加遥远的地方，非晶体冰才是
主流。它在令人难以置信的低温下形成，存在于彗星和冰冷的卫星等地方。

打来电话说。他们的另一个意外发现是，动、静反应分子数量的比例随温度的变化而变化，这与他们在实验中测量到的摩擦力变化完全一致。[①]水分子越活跃，摩擦力就越低。当温度在–100 ℃时，几乎所有表面分子都与冰的其他部分紧密结合，产生了一个坚硬、高摩擦的表面，刮擦对其影响不大，而且也不可能在上面滑行。但是温度的上升增加了表面分子的能量，使其中一些分子松开化学键，逐渐减少测量到的摩擦力。当冰块温度达到–7 ℃时，其表面的大多数分子都是可移动的，这使它变得滑溜溜，而冰块大部分仍保持着其特有的硬度。

请记住，这一切都发生在温度低于水的冰点时，这就是为什么在我们的谈话中，丹尼尔那么坚定地认为那些活动的分子不应该被称为"水"。他甚至说他们的研究"最终向米沙（他的兄弟、论文的共同作者、化学家）表明，冰的表面没有水层"。我想从技术层面说他是正确的，只要温度低于0 ℃，水确实应该被称为"冰"，因为它是固体。但弱约束分子在表面自由滚动的画面绝对会让我认为它是一种液体。

"那么，对于一层具有高度流动性的冰分子，我们还能怎么称呼呢？"我问道。

"好吧，也许我可以叫它'准液体'。"他笑着回答。这些分子的高度流动性对滑冰者来说还有另一个有益的副作用。在美妙的–7 ℃时，冰面上的任何划痕或者凹槽都会被准液体不断填充，冰面几乎瞬间就能恢复平滑状态。其结果是形成一个完美的低摩擦表面，让人乐享滑行之趣。[②]

在这个温度以上，决定冰特性的是其硬度，而不是表面那些滚动的分子。温度在–7 ℃ ~ 0 ℃时，冰块逐渐软化，滑动物体开始深入其中，而不是

---

① 这是一个相对的说法，因为原子永远不会真正静止。在绝对零度以上的所有温度下，它们都在不断地抖动着。随着温度的升高，抖动的幅度也会增大。最终抖动会剧烈到让它们可以完全甩开自己的键，把固体变成液体，或者把液体变成气体。

② 在用拴着重物的线穿过冰块的实验中，我们观察到冰的融合很可能与这种分子的流动性有关。《真理元素》（*Veritasium*）频道的创办者德里克·穆勒（Derek Muller）在网上上传过一段关于复冰的精彩视频。搜索关键词"Ice Cutting Experiment"就可以找到它。

在其表面移动。博恩等人观察到，这种材料从变形后可以复原到变形后不能复原的变化是"暖"冰上摩擦增加的原因。

因此说，冰的滑性似乎是几种因素共同作用的结果。其中之一是其表面存在类似液体的分子，即使在冰点以下，这层分子的特性也与整体不同。它还与这些表面分子的流动性有关，因为在一定程度上（或者说在 –7 ℃以下），冰的温度越高，它的摩擦特性就越低。最后，当温度接近冰的熔点时，其硬度的下降对滑行的难易程度起着重要作用。

大多数人在生活中都不会遭受冰的复杂滑性困扰。但是每隔四年，冰面就会登上全世界的新闻头条。冬奥会让我们认识到，并非所有的冰都生来平等。

滑冰

共有 92 支队伍参加了 2018 年韩国平昌冬奥会。美国参赛队伍人数最多，其次是加拿大、俄罗斯和瑞士。不过，这届赛事上人数排在第 22 位的队伍没有旗手，因为他们不是运动员，而是"制冰师"，肩负着一项艰巨的任务，即确保在多个场馆举办的 8 个不同竞技项目所使用的冰在 16 天内的表现完全符合预期。制冰师就是那些在比赛休息间隙开着大机器进入冰场，缓慢而有条不紊地重铺冰面的人（几乎都是男性）。[1] 不过，除了这些至关重要的维护工作，他们还付出了数月精力，在每块冰场和每条赛道上铺设正确类型的冰，以满足每项运动的特定要求。

---

[1]　2018 年冬奥会上有一个女司机，是来自科罗拉多州的芭芭拉·博格纳（Barbara Bogner）。

　　一切都从水开始，水需要尽可能地接近纯净。根据你所在的地区，你冰箱里的冰块可能含有微量来自空气的氮、氟、盐和许多其他溶解的矿物质。虽然这些杂质不会影响我们的冰爽饮料，但是制冰师的噩梦，因为它们会微妙地改变水的分子结构，进而改变冰的特性。① 所以，为了避免这种情况，他们只使用经过高度过滤的水。这种水的水质远超饮用水水质标准，而且不含杂质，溶解的空气也较少。然后是冰球场和滑冰场的设计，通常非常简单——一块混凝土板，表面下埋有管道网络。通过让寒冷的盐溶液在这些管道中流动，混凝土可以被冷却到 -9 ℃，使铺在上面的冰层保持冻结状态。

　　速滑运动员需要在赛道的直线部分尽可能快地移动（他们在400米长的椭圆形赛道上的时速一般要超过50千米）。由于他们还想在起跑线上发力，并在弯道上安全地加速，所以他们总是在滑行和抓持力之间挣扎着。通过滑冰鞋的设计——他们鞋上的抛光冰刃只有1毫米厚，滑冰运动员可以尽量减少其与冰面的接触。他们还可以通过力量训练和良好的技术来增加力量输出。但真正决定他们最大速度的是冰面本身的构成，这就是为什么长道速滑赛道的冰面是冬奥会所有项目中温度最低和硬度最大的。

　　建造速滑冰场时，制冰师会在赛道上喷洒薄如纸的超纯水，待每一层都完全冻结后才会喷洒下一层。赛道标记和起点、终点线通常是在铺设4~5层冰后画上的。之后这些标记上面还要继续增加冰层。一旦冰层的厚度达到2.5厘米，制冰师就会用浇冰车锋利的刀片划过冰面，然后再浇上一层可以迅速冻结的热水。② 为一个速滑场馆铺冰可能要花费2周时间，最后得到的是一个坚实而易滑的冰面，温度处于……你能猜到？是的，-7 ℃，正是博恩兄弟确定的最佳温度。

① 水中的杂质使其有了味道。超纯水尝起来丝毫味道都没有。
② 一个小插曲：有一个术语叫"姆潘巴效应"，意思是热水可以比冷水更快地冻结。到目前为止，还没有确切证据证明这种效应是真实的，但这并没有阻止人们如是宣扬。剑桥大学的物理学家发表于2016年的一篇论文断言："有点遗憾的是，没有证据可以支持对姆潘巴效应的有意义观察。"

你可能会纳闷，为什么研究人员还需要证明一些制冰师显然已经知道的事情？这其实是因为知道或者观察到某种现象距离真正理解它还有很长的路要走。这一点同样适用于我们在本书中探讨的许多表面。我们对它们并不是一无所知，就像速滑赛道的冰面或者道路上的沥青一样。几十年来，我们一直在操纵和设计表面来为我们所用。但令人惊讶的是，通常由于"管用就行，何必操心"的态度，我们还没有迈出最后一步：了解表面复杂的物理性质和化学性质，以及它们为什么会有这样的表现。虽然纯粹的实践知识可以帮助我们解决很多问题，但它也有局限性，特别是当我们将其应用到极限时。培养一个更深入的基础性认识是改善几乎任何问题的关键。

说到这一点，制冰师的技能和专业知识是无可比拟的，他们对材料的选择似乎是一种本能反应。2018 年，法国制冰专家雷米·博勒（Remy Boehler）在接受美国全国公共广播电台采访时说，他用耳朵来判断工作人员造的是不是"好冰"："到达冰场后，我会摘下帽子，这样我就能专注地听冰刃发出的声音——它们是在滑行还是开裂。"许多滑冰运动员说，他们很快就能知道他们所处的冰面是快还是慢。长道速滑运动员在 2018 年冬奥会上创造了 8 项奥运会纪录，如此看来，当时韩国江陵综合体育场的制冰师们显然把事情做对了。

在冰面寒冷程度列表中，位居其次的冰上运动是冰上曲棍球，通常在 –7.5 ℃ ~ –5 ℃的冰面上进行。这种冰在 4 ~ 5 天内逐渐铺设完成，厚度与速滑冰场的差不多，不过略微柔软一些，以便运动员能够灵活地转弯和以爆炸性的速度变化，而这正是该运动的特点。接下来是短道速滑和花样滑冰。尽管这两种比赛有不同的需求，但为了节省空间，它们往往不得不共用一个冰场。你或许已经想到，短道速滑运动员需要温度相对较冷、快速的冰面，但由于他们在弯道之间滑行的距离较短，所以他们需要比长道速滑运动员更多的抓持力（这也是赛场冰面稍软的原因）。相比之下，花样滑冰运动员必须能够将他们的冰刀尖插入冰面，以启动旋转和跳跃，并安全落地。因此，他们需要比其他选手更温暖的冰（－3 ℃），而且最好是更厚一些。在这两种类型的冰之间切换大约需要3个小时。通常情况下，最简单的方案是先用薄的短道冰，等到比赛结束，制冰师再逐渐提高温度，增加冰层，为花样滑冰比赛做好准备。如果需要换回来，浇冰机会在降低冰场温度的同时小心翼翼地刮平冰面。

你可以想象一下，让冰保持理想温度也不是一件容易的事。制冰师马克·卡伦（Mark Callan）告诉我：“在韩国，当时室外的平均气温是－8 ℃，但在竞技场内，在头部位置的高度，气温是10 ℃。如果你不小心，就有可能对冰面造成破坏。比赛时有3000名观众进入该区域，他们会带来大量的热量，而我们的工作就是管理这些热量。”根据不同运动项目，紧急修复的手段包括淹没冰面，或者用雪泥或者雪填充大的辙痕，再用加压的二氧化碳来快速冻结。这些冰上高手知道所有的技巧。

虽然冰的滑性在所有冬季运动中都发挥着不可否认的巨大作用，但要说起运动员可以在比赛中主动操纵其滑性的，我只能想到一项。

冰壶

起源于苏格兰的冰壶运动于1998年首次被引入冬季奥运会。[①]和其他数百万人一样，此后每隔四年，我就发现自己被这个由冰壶、冰壶刷和冰组成的怪异的“科学芭蕾”吸引（见图18）。冰壶运动有着悠久的历史。已知最

---

① 冰壶也是1932年、1988年和1992年冬奥会的表演项目之一。

早的冰壶石是在苏格兰中部斯特林的一个池塘里发现的，其表面写着"1511年"的字样。苏格兰著名诗人罗伯特·伯恩斯（Robert Burns）在他1786年创作的两首著名诗歌——《愿景》（*The Vision*）和《谭森森的挽歌》（*Tam Samson's Elegy*）中也提到过这项运动。冰壶比赛在两支队伍之间进行，双方轮流沿着46米长的矩形冰面滑动抛光的花岗岩冰壶。每队的目标是将他们的冰壶尽可能地靠近"靶心"（更准确地说，是"营垒"）。

这项运动的英文名"Curling"，原意为"卷曲"，源于这些石墩滑过的弯曲路径。根据世界冰壶联合会的规定，每个冰壶的重量不得超过19.96千克。弯曲的路线肇始于选手在释放冰壶时令其旋转的动作，而不旋转的冰壶是不走弯路的。另外，还有两名被称为"刷冰员"的运动员会陪伴被抛出的冰壶一同走完旅程。他们用一把平头冰壶刷在移动的冰壶前面狂扫冰面，以拉直行进路径。这使冰壶成为唯一一项在抛掷物离开运动员的手后仍可以改变方向的运动，这实在太酷了。但如果我就此结束对冰壶的介绍，我就漏掉了它的美妙之处。所有的运动都涉及物理学原理，它控制着从自行车运动员的最高速度到板球的旋转在内的一切。但在冰壶运动中，物理学融入了比赛中的每一个动作。尽管如此，我们仍然做不到胸有成竹地说什么原因导致石墩以这样的弯曲路线前进。

让我们从我们所知道的事情说起。首先，冬奥会使用的冰壶石确实非常特别。它们由两种花岗岩制成，形状有点像被压扁的萨摩蜜橘。这些花岗岩产自苏格兰海岸附近5000米宽的艾尔萨克雷格岛。冰壶石的主体由普通的绿色花岗岩制成。这种花岗岩很坚韧，略带轻微斑点。对于冰壶石的"运行表面"，也就是与冰直接接触的那一层，制造商转而使用蓝油石——这是艾尔萨克雷格岛特有的一种细粒岩石。由于其矿物结构是由过去火山活动形成的，这些花岗岩非常耐用，没有孔隙，不易碎裂。它们还有很强的防水性，尤其是蓝油石。这可以防止石头表面结冰，从而降低石头性能因冰冻而受到

图18　冰壶运动是由冰壶、冰壶刷和冰构成的一场奇特"芭蕾"

损害的风险。可能会让你感到意外的是，冰壶石的底部不是平的。事实上，这个运行表面是凹进去的，有点像啤酒瓶的底部。因此，实际与冰面接触的只有狭窄的一圈蓝油石（约6毫米宽）。

接下来，说说冰本身。如果你曾在电视上看过冰壶比赛，你可能已经注意到，冰壶运动的冰面没有速滑赛道的光泽度高。这是因为它并不光滑——虽然底层冰面有着起伏不到百分之一毫米的平整度，但它又被有意覆盖上一层微小的冰粒。专业制冰师在冰场上来回走动，通过不同大小的喷嘴向冰面喷射水滴，直到冰面被冰粒均匀覆盖。一般来说，冰壶场表面要覆两层冰粒，每个方向覆一层，以确保冰面在整个比赛过程中保持其粗糙度。然后，制冰师将刀片拉过整个冰面，以限定冰粒的最大高度。冰粒减少了石头和冰面之间的接触面积，从而减小了它们之间的摩擦。覆盖着冰粒的场地有着不同寻常的滑度，这对这项运动而言是至关重要的。冰壶石在光滑的冰面上移动的方式非常不同。

最后说一下冰壶刷。接触冰面的垫子由一种明确规定的但相当不起眼的带涂层尼龙[①]制成。在冰壶石前面扫一扫，冰面就会熔化，产生一层具有润滑作用的水（这次是"真正的"水，而不是前文提到的"准液体"），从而减少表面之间的摩擦。这有助于冰壶石滑得更远，并拉直其行进路径。所有与我交谈过的冰壶选手都说，冰壶刷刷得越快越用力，冰壶石就走得越直、越远。

————————
① 它是420D牛津尼龙，如果你确实想知道的话。

覆盖冰粒的冰面、花岗岩冰壶石和冰壶刷这三个要素，加上运动员的技能，造就了冰壶运动。到目前为止，一切都好。当我们开始谈论物理学时，争议才真正出现，所以让我们做一个实验。

取一个空啤酒瓶或者倒置的玻璃杯，把它放在一个光滑的桌子或者台面上。我们现在要做的是模仿冰壶石的环形运行表面。小心地将瓶子在桌面上沿直线滑动。它的终点在哪里？然后再做一次，不过这一次让瓶子一边滑动一边旋转。它的终点是否与之前一样？结果表明，旋转的瓶子总是会偏离不旋转瓶子的直线路径。如果你把瓶子向右旋转（顺时针），它最终会弯向左边。如果向左旋转（逆时针），你的瓶子则会弯向右边。

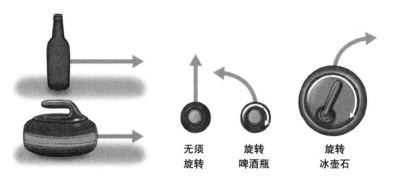

无须
旋转

旋转
啤酒瓶

旋转
冰壶石

图19　冰壶石仍然充满了惊喜：它们的运动并没有真正遵循任何关于滑动物体的"明显"规则

这种现象的发生缘于摩擦对瓶底的作用方式。从滑动的瓶子离开你手的那一刻起，摩擦就会使它减速。当它减速时，瓶子会略微向前倾斜，把前缘推向桌面，增大那里的摩擦。[1]如果瓶子在滑动时旋转，前缘总是比后缘受到更大的摩擦，因此移动得慢一些。于是移动较快的后缘主导了运动方向。简而言之，如果你把它向右旋转，它就会向左弯曲。这被称为"**不对称摩擦**"，从物理学角度来看，这完全不奇怪。然而，冰壶石却无视这些规则。它会弯向其旋转的方向（见图19）。因此，如果选手让它向右旋转，冰壶石

—————————
[1]　这种摩擦也解释了为什么滑动的物体总是往运动的方向倾倒。

的轨迹也将向右弯曲。也许令人难以置信的是，它这样运动的原因仍然存在争议。截至2020年年中，研究这个问题的物理学家可以分为两个阵营，而每个阵营都认为对方是完全错误的。我们有了一场老式的科学对决。[①]

白天，马克·谢戈尔斯基（Mark Shegelski）是加拿大北不列颠哥伦比亚大学的物理学荣誉教授。到了晚上，他是一名休闲冰壶运动员，并从20世纪90年代开始发表冰壶方面的相关论文。那时，他提出了一个"薄液膜模型"来描述冰壶石的运动，这与我们的桌上滑瓶实验有一些相似之处。这个想法是，就像瓶子一样，冰壶石在减速时向前倾斜，这对前缘施加了压力。但谢戈尔斯基认为，这种增加的压力会使冰变暖，产生一层薄薄的水膜，从而**减少**冰壶前面的摩擦，而不是导致前缘减速。因此，与瓶子不同的是，顺时针旋转的冰壶石在前面遇到的阻力比后面小，从而导致它向右偏转。"薄液膜模型有一些局限性，"谢戈尔斯基在2018年年底的一次通话中告诉我，"对于缓慢滑动、快速旋转的冰壶石，它非常契合现实。但我知道，它解释不了所有情况。"

谢戈尔斯基的原始模型多年来一直很受欢迎，尽管有局限性，但它描述了冰壶石的许多奇怪的滑动—弯曲行为。其他人提出的替代理论都没有给出更好的解释。这一情况在2013年发生了变化。当时瑞典乌普萨拉大学的斯塔凡·雅各布森（Staffan Jacobson）和他的同事发表了两篇论文，提出了一种完全不同的机制。乌普萨拉大学的"划痕引导"理论基于他们在当地冰壶场进行的实验。他们的结果表明，带状运行的冰壶石表面粗糙得足以在覆着冰粒的冰面上留下微小的划痕。在他们的解释中，这些划痕是冰壶石的前缘留下的，而当后缘遇到这些划痕时——别忘了，冰壶石是旋转的，它会受到轻微的震颤，并沿着这些划痕的走向移动。雅各布森在2019年年初对我说：

① 反对意见在科学领域中非常普遍——如果你提出一个想法，对其进行严格的检验便是你的责任。如果它是一个新的或者有争议的想法，你应该期望其他团体质疑它。这是被称为"同行评议制度"过程的核心，其目的是确保科研人员发表科研结论的质量和完整性。

"最初的划痕就像轨道一样，可以引导粗糙表面上的突起物。"这些推力也许微不足道，但由于石头和冰的粗糙度，它们会多次出现，并导致冰壶石的轨迹弯向旋转方向。雅各布森及其同事说，这消除了薄水膜存在的必要性，换句话说，谢戈尔斯基的观点是错误的。

雅各布森和他的同事更进一步，他们用粗糙的砂纸代替冰壶刷，按照指定的方向扫冰，并故意划伤它。他们当时制作的视频显示，冰壶石沿着划痕方向左右摇摆。[①]"冰壶刷门"事件——2015年震撼冰壶界的一场争议，似乎让雅各布森团队对他们的想法更有信心了。一家公司推出了一款刷垫上带有"定向"织物的冰壶刷。人们很快发现，它可能会改变比赛结果。在优秀刷冰员手中，这些"弗兰肯冰壶刷"可以用来主动引导冰壶，改变它的路径，从而挽回糟糕的投掷。冬奥会冰壶奖牌得主艾玛·米斯库（Emma Miskew）说："选手不应该在冰面上这样操控冰壶石的路径。那就不是冰壶运动了。"由于很多心怀不满的球队抗议在比赛中使用这种冰壶刷，所以世界冰壶联合会委托相关机构进行调查。结果表明，"弗兰肯冰壶刷"不仅仅是擦亮冰面，还会在冰面上留下很多划痕，而且通过改变技法，刷冰员确实可以利用这些划痕来引导冰壶，甚至改变路径弯曲的方向。因此，在大型比赛中，这些冰壶刷被禁止使用。

尽管如此，谢戈尔斯基就是不肯接受"划痕引导"理论。"一个好的想法是一回事，但是要发展一个理论，你需要量化的结果，"他告诉我，"这些人没有任何准确描述冰壶石运动的计算，所以在我看来，他们没有理论支撑。"当被问及如何看待他们的砂纸实验时，谢戈尔斯基说："他们的理念基于冰壶石在滑动时划伤了冰面。那何必用砂纸呢？只要用冰壶石划冰面就可以了。如果这个想法成立，我们应该会在每场比赛中看到冰壶石左摇右晃的

---

① SmarterEveryDay.com（意为"每天聪明一点"）网站的德斯汀·桑德林（Destin Sandlin）在他的 YouTube 频道上有一个很棒的冰壶解释视频。搜索"Cold hard science. The Controversial Physics of Curling"（冷酷科学。关于冰壶的争议物理学）可以找到它。

路径。但在现实中，我们没有看到。"

粗糙度在冰和冰壶石之间的相互作用中肯定发挥了作用。毕竟，如果运行表面被高度抛光，冰壶石的路径就不会弯曲了，哪怕是在有冰粒的冰面上，而且冰壶石制造商非常注重保护他们的粗糙化方法。谢戈尔斯基和乌普萨拉团队意见相左之处在于，粗糙度的作用到底是什么。"'冰壶刷门'根本没有证明他们的想法，"谢戈尔斯基说，"是的，冰壶刷划伤了冰面，但它们比冰壶石造成的划痕要深得多。哪怕基于划痕的引导机制在某些极端条件下可能适用，它也不能为我们提供关于现实生活中使用非磨蚀性冰壶刷的标准冰壶比赛的丝毫见解。"

谢戈尔斯基和他的同事是在公开发表的信件中指出这一点（以及更多观点）的，那些信件都是对雅各布森论文的回应。这反过来又促使雅各布森的团队做出了书面答复。这在科学上相当于一场宣战。撰写本书时，这两个团队从未真正交谈过。迄今为止，他们唯一的沟通渠道是通过"研究论文"这一媒介。我向雅各布森指出了这一情况的怪异之处。他相当大度地说："我从没见过谢戈尔斯基，我也没有兴趣与他争吵。我们只是证明，他的模型不足以解释观察结果。"

当被问及合作是否会得到更好的结果时，谢戈尔斯基说："当我第一次听到他们的想法时，我坐了下来，试图将其纳入现有的模型中，并将其与我们多年来的观察结果进行比较。我希望它有用，我想让它有用，但它没有。我们的模型可能不完整，但他们的模型是不正确的。"

对谢戈尔斯基来说，冰壶的最神秘之处与冰壶石的旋转速度有关。他说，雅各布森的论文没有涉及这个问题。要想理解它，我们需要回到桌上滑瓶实验。我们早些时候已经确认，如果你在释放瓶子的同时旋转它，瓶子的路径就会弯曲。瓶子的旋转速度和它的横向移动距离之间也有一个公认的联系，这意味着你旋转瓶子的速度越快，它偏转得就越厉害。这与冰壶石的情况**不同**。几个团队的观察表明，不管冰壶石在冰面上旋转多少圈，偏转距离都保持不变，大约是 1 米。"这很奇怪，"谢戈尔斯基告诉我，"长久以来，这给我们这些试图理解冰壶物理学的人带来了很多麻烦。"无论是谢戈尔斯基最初的薄液膜模型，还是雅各布森的划痕引导机制，都不能完全解释这一观察结果。

2015 年，谢戈尔斯基接到阿尔伯塔大学物理学家爱德华·洛左斯基（Edward Lozowski）博士的一通电话。"在加拿大，爱德华通常被称为'冰上物理学之王'。"谢戈尔斯基说。洛左斯基以前发表过关于速度滑冰和雪橇运动的论文，但有一天他醒来发现自己在思考冰壶，而马克就是他要找的人。这通电话开启了两人之间的合作。一年后，他们发表了他们的"枢轴滑行"模型。他们认为，该模型提供了迄今为止对冰壶石运动的最完整描述。

其理论是，当冰壶石滑动和旋转时，其带状运行表面上的微观粗糙度使其**短暂**地粘在冰面的冰粒上。这种接触时间确实很短暂，谢戈尔斯基和洛左斯基估计大约是 45 纳秒，比眨眼快 1000 万倍。他们说，在这段时间里，冰壶石绕着冰粒以与旋转相同的方向转动并拉扯它，直到脱离接触。然后冰壶石继续滑动，尽管方向略有不同，直到它遇到另一颗冰粒，并将其变成另一个枢轴。因为随着冰壶石在有冰粒的冰层上滑动，这种情况将发生数万次，它可能导致足够大的重新定向，以解释旋转冰壶石路径的神秘弯曲现象。谢戈尔斯基和洛左斯基继续改进他们的模型，并在 2018 年发表了关于冰壶石运动的新方程式。

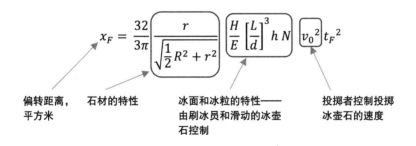

$$x_F = \frac{32}{3\pi} \frac{r}{\sqrt{\frac{1}{2}R^2 + r^2}} \frac{H}{E}\left[\frac{L}{d}\right]^3 h\,N \;\; v_0{}^2\, t_F{}^2$$

偏转距离，平方米　　石材的特性　　冰面和冰粒的特性——由刷冰员和滑动的冰壶石控制　　投掷者控制投掷冰壶石的速度

　　如果你不是数学迷，这个方程可能会让你畏惧，但请听我解释。在上页图中，等号左边的 x_F，指的是偏转距离。在等号右边，有一个分式 $32/3\pi$，它与冰壶石的形状有关，然后是另一个对冰壶石进行限定的项（R=冰壶石的半径，r=带状运行表面的半径）。接下来的一组项与冰面有关。有些是它的机械性能：H是它的硬度，E是它的杨氏模量[1]，可以理解为冰的"弹性"。其他项则专注于描述冰粒（L/d是冰粒的高度除以其直径，N是特定区域内冰粒的数量，h是冰壶石滑过后冰粒高度减少的量）。这些与冰相关的项会被刷冰员改变：通过用冰壶刷在冰壶石前面的冰上摩擦，他们软化了冰（减小 H），并熔化一些冰粒（减小 L）。这将使偏转距离变短，换句话说，刷冰员减轻了冰壶石路径弯曲的程度，这正是我们在现实中看到的。[2] 倒数第二项（v_0）是冰壶石的速度，这取决于投掷者的技术。t_F是停止时间，主要由冰和冰壶石之间的摩擦力决定。它告诉我们，在完全光滑的冰面上，冰壶石不会发生偏转（$x_F \approx 0$），这已经被多个观察结果证实。

　　几乎和这个方程式中所包含的内容一样有趣的是它所遗漏的内容。谢戈尔斯基和洛左斯基发现，对于缓慢旋转的冰壶石（在冰壶运动中很常见），总的偏转距离（x_F）与石头的旋转速度无关。因此，不管它旋转得有多快，冰壶石总是偏转相同的距离。通过将典型数值代入他们的方程式，他们得到 x_F=0.93 米，这与人们经常观察到的约 1 米的偏转距离非常接近，令人欣慰。这是对其有利的一个重要证据。谢戈尔斯基还称，"冰壶刷门"（雅各布森和乌普萨拉团队将此事件视为他们竞争理论的证据）实际上支持了他的枢轴滑行机制的观点。对他来说，"刮起冰面会增加冰壶石运行表面的粗糙度，可以增加用作枢轴的点的数量"。当我们交谈时，他正为在冰场上测试这一想

---

[1]　杨氏模量是对弹性材料硬度的衡量：它告诉你材料在一个方向上被压缩或者拉伸会有什么样的反应。虽然这一特性是以博学家托马斯·杨（Thomas Young，1773—1829 年）的名字命名的，但他并不是第一个使用它的人。18 世纪杰出数学家莱昂哈德·欧拉（Leonhard Euler，1707—1783 年）发表了一篇描述相同属性的论文，比杨早了 80 年。因此，或许我们应该叫它"欧拉模量"。

[2]　坐轮椅的冰壶运动员不刷冰，所以他们的投掷需要比身体健全的冰壶运动员更加精准。

法做前期的准备。

"那么，这是否意味着他们提出了一个'冰壶大一统理论'？"我问道。谢戈尔斯基笑着回答："也许是，也许没有，但至少我们已经非常接近了！"与他交谈后，我发现自己同意他的观点。尽管远非完美，但谢戈尔斯基的枢轴滑动模型具有某种天然的合理性，给人一种正确的**感觉**，因为它再现了人们在现实世界中对冰壶运动的许多观察结果，并且都基于坚实的物理学原理。尽管雅各布森的论文有缺陷，而且需要太多的逻辑跳跃才能将因果联系起来，但我还是无法完全放弃"划痕引导"理论。我当时笔记本上的涂鸦可以做证，如果乌普萨拉团队开发出一个可靠的数学模型，并做一些更详细的实验，我的大部分疑虑就会得到解答。

事实上，实验已经在进行中。2019年年底，我看到了芬兰阿尔托大学研究人员的一篇论文。虽然与雅各布森没有关系，但该团队已经开始着手测试他的"划痕引导"理论。他们首先在一个"冷室"（一个大到足以容纳实验室的冰柜）内建造了一条3米长的定制版冰壶场。它的特殊之处在于，可以快速地将A4纸大小的带冰粒冰道拆除，并放在显微镜下观察。这使阿尔托团队能够在冰壶石滑过之前和之后立即扫描冰面。如果有任何划痕存在，他们就可以测量划痕的角度，并将其与"划痕引导"理论的预测进行比较。在竞技冰壶的典型速度下，研究人员观察到"由在旋转的同时沿线性轨迹移动的冰壶的前缘和后缘造成的交叉划痕"，还发现划痕角度和冰壶的侧向位移之间有很强的相关性。换句话说，他们的结果支持冰壶石产生的划痕可以引导其路径的想法。

另外，来自加拿大的研究人员A.雷蒙德·彭纳（A. Raymond Penner）在雅各布森最初论文的基础上，发表了自己的"划痕引导"理论的数学模型。"划痕引导"理论正在反击。按照惯例，洛左斯基和谢戈尔斯基准备了一份正式的回应，将彭纳模型描述为"对'弗兰肯冰壶刷'造成的划痕如何改变冰壶石轨迹的一个受欢迎的潜在解释"，但他们对许多细节提出了疑问。两人提到了他们自己的实验结果，这些结果就是之前的采访中谢戈尔斯基向我提及的那些，发表于彭纳的论文之后的几个月内。他们的结论是，"冰壶石的横向偏转不可能完全归结于冰壶石造成的划痕"。几周内，彭纳写了他这一方的答复，基本上不认可这些意见。另一场美好的竞争就这么开始了吗？谁知道呢！

目前，冰壶的世界仍然分裂为划痕与枢轴，但对"是什么使冰壶石偏转？"这个问题的完整答案也许是这些效应的某种组合。考虑到在过去5年里，科研人员就这一主题发表了很多研究文章，因此当你阅读这本书时，很有可能另一种主导理论又出现了。这就是科学的运作方式，而我总不能无休止地探讨下去。冰壶运动最令我喜爱的一点是，这项迷人而古怪的奥林匹克运动虽然在500年前就有人在苏格兰的冰湖上开展了，但它至今还保守着自己的秘密。

冰川

到目前为止，我们一直在谈论冰的性质与事物在其表面移动方式之间的联系。但这只涉及冰的滑性的一半。让我们来看看冰是如何**在其他物体**上移动的，从一个宏大的尺度。

在冰的各种形态中，当数两极或者高山上的那些最壮观。冰川是一种名副其实的自然伟力。它们储存了世界上四分之三的淡水，滋养了河流，灌溉了农田，并塑造了它们下面的景观。但构成它们的冰与任何"正常"形式的冰都不同。冰川始于降雪。随着时间的推移，又厚又蓬松的雪层越积越高，并开始变得致密。而原始冰川深处的雪花在压力作用下则开始熔化、重组，从而更加紧密地凝聚在一起。在这个过程中，冰晶中的空气被慢慢挤出，雪花开始失去它的六边形结构，变得更加颗粒化。季节轮转，这种颗粒状的雪变硬了，而其晶体不断生长，直到变成被我们称作"厚层积雪"[①]的结构。经过几十年降雪、压实、熔化和再结晶的循环，留下来的冰通常在冰川底部，会因为里面的气泡被排得一干二净而变得晶莹剔透，并泛着蓝色光泽。由于这种冰在其发展历程中所经历的变化，有些人把它归为变质岩的一种。

"我赞成这个说法，"来自新西兰奥塔哥大学的地球物理学家克里斯蒂娜·赫尔贝（Christina Hulbe）笑着说，"你甚至可以把冰川里的冰看作一种非常接近其熔点的岩石。所以，在某种程度上，它就像熔岩一样。"赫尔贝教授研究冰川和极地景观已经有30余年，所以当我想了解巨大的超密冰块如何移动时，她是我的第一个求教对象。她说："在大多数情况下，冰川运动可以归结为两种力的共同作用：冰内部变形的力和冰底部滑动的力。"每种力的相对重要性取决于冰川，而且没有两个冰川是一样的。"在阿尔卑斯山脉，冰川可能坐落于粗糙的岩石表面，而在南极，你可能会看到漂浮在水面上的冰，"赫尔贝说，"作用于这些冰川的变化过程显然是迥然不同的，前者的底部有大量的剪切，而后者没有。它们只是无数冰川种类中的两个极端，两者之间存在一系列可能性。"不过，变形看起来确实是一个常见因素，这是因为当冰川深处的冰被长期置于压力之下时，它将缓慢而永久地变形，它实际上是一种可塑的事物。如果这种情况发生在一个向下的斜坡上，作用于冰川巨大质量上的重力足以驱动这种变形，然后拉伸冰晶并使其"流动"。与此形成对比的是，冰川上层的冰往往很脆，所以当它变形时，就会裂开，产生巨大的裂缝，把冰川切割成碎片。

[①]　英文中的"firn"（厚层积雪）源自古高地德语，意思是"旧的"或者"去年的"。

在某些情况下，冰川的重量也足以熔化其底部的冰，形成一个有助于它滑动的润滑层。如果有大量的这种融水存在，冰川就可以快速移动。2012年，人们发现格陵兰岛的雅各布港冰川每天移动46.6米，比20世纪90年代中期快了4倍。南极也有被称为"冰流"的地貌，也就是嵌入冰盖的快速流动通道。赫尔贝解释过，冰川通常位于被水浸润的沉积物上。"与上面覆盖的冰相比，这种沉积物的硬度较低，所以它最先变形。这意味着在底部几乎没有附着摩擦力，冰流中的冰可以滑动、拉伸和剪切。但是冰流之间的山脊经受着更大的摩擦。它们实际上被冻在了底部。"

针对南极冰层内部和下方许多变化过程的研究，对于我们理解气候变化的长期影响有着重要意义。正如赫尔贝在斯科特基地录制的TEDx演讲中所描述的那样，南极洲西部的冰盖是地球上海平面上升的最大来源之一，也是气候预测中不确定性因素的主要来源。[1]她对我说：

我们知道，大气中不断增加的二氧化碳导致大气和海洋变暖，而冰川正以消融和改变流速的方式做出回应。我们对这些现象背后的物理学原理有很多了解，因此我们可以创建计算机模型来研究未来会发生什么。对我们来说，关键是要知道气候变暖何时会（而不是是否会）造成真正的不稳定，也就是哪怕气候不再变暖，这种失控也不会停止。无论我们接下来做什么，南极洲西部的冰盖都会发生变化，但我们作为全球社区做出的决定可以限制它发生的速度。总是有机会改变我们的努力方向，越早开始越好。

---

[1]　如果想观看赫尔贝教授的TEDx演讲视频，可以在YouTube上搜索"Putting the brakes on runaway ice sheet retreat in Antarctica"（为南极洲失控的冰层退缩踩刹车）。

结冰

在我们结束所有关于冰的话题之前，还有最后一个问题要讨论，从滑冰场到机场跑道，冰在各种事物上形成并黏附的过程。

冰往往在寒冷的时候形成，我明白这是显而易见的，但仅靠低温通常不足以将水变成冰。事实上，在适当的条件下，水可以在 -20 ℃时保持液态。[①]有一个简单实验可以证明这一点，你在家里就能做到。拿一个密封的塑料瓶装水，然后把它放入冰箱中。家用冰箱的工作温度接近 -18 ℃，因此在大约 2 个小时内，瓶子里的水就会"过冷"了，这意味着它仍然是液体，尽管温度远远低于其冰点。[②]将瓶子缓慢而小心地从冰箱里取出。然后，等你准备好，给瓶子短促而猛烈的一击，我喜欢把瓶子摔在桌子上。如果你已经充分冷却了水，这个动作应该会让它在你眼前变成冰。

这就是所谓的"**成核**"。你以敲击方式向瓶子提供的能量促使少量过冷的水分子迅速排列。由此产生的结构实际上是一个冰晶：一个供其他分子依附的"核"。你所看到的冰在水瓶中的"蔓延"，其实是越来越多的水分子排列起来，使液体结晶成冰。成核是冰冻过程的开始，但它并不总是需要能量的冲击才会发生。在日常生活中，它更有可能肇始于灰尘之类的杂质，或者冷水接触表面上的划痕或粗糙之处，任何能让水分子有地方黏附并变成冰晶的东西。一旦你拥有这三种要素——水、0 ℃以下的温度和几个成核点，你就有可能得到冰。

"事实上，这并不是故事的全部。"堪萨斯州立大学艾米·贝茨（Amy Betz）教授通过即时通信软件告诉我。我的描述中遗漏了一些重要的东西：

---

① 这是"现实的"极限。理论上，水可以在温度低至 -40 ℃时以过冷液体的形态存在。

② 你可能需要对此进行实验。根据你所在地区，自来水的成分有很大不同。另外，你的冷冻室设置会对水过冷的时间产生影响。方便的话，1.5 小时后，你应该每 10 分钟检查一次你的瓶子。

我们呼吸的空气中一直存在的水蒸气。我想我可以用一整章来介绍水蒸气，但为了论述本章的主题，我们需要知道的是，大气中的水在气态、液态和固态之间不断变化，以不同的速度蒸发和冷凝。在一个被称为"露点"的特定温度下，平衡转向凝结，这时我们就会看到液滴的形成。[①]贝茨继续说："要发生冻结，你需要足够低的温度，要低于冰点和露点。在标准大气压下，这两个温度通常很接近，但在更高或更低的压力下，它们之间可能存在差距。霜是水蒸气凝结然后冻结的结果。若非表面低于这两个温度，霜不会形成。"

从"表面"这一角度来看，还有其他一些因素会影响霜和冰的形成。"除了湿度，表面的化学成分和结构对事物冻结的方式和时间也有显著影响。"贝茨说。换句话说，冰如何黏附在表面取决于该表面是由什么构成的。关于这一点，贝茨了解的很多。这几年，她领导了一个研究团队，探索表面、水蒸气和冻结温度之间的相互关系。"实际上，我是从温标的另一端开始的，"她说，"在我的博士论文中，我研究了液体在新型表面上的沸腾。"成为助理教授后，贝茨打算改变思路。"我认为，研究这些表面如何控制冻结等其他相变可能会很有趣。结果发现，这个机制与我们预想的完全不同。冰真的很奇怪。"她笑着说。

疏水性表面（比如我们在第1章中探讨的那些）长期以来一直被认为可以延迟霜的产生。这具有某种天然的合理性，毕竟如果水不能黏附在表面上，冰也就不能在上面形成。但是根据贝茨的说法，最终"在一定的温度和相对湿度下，结霜是不可避免的。我们最多只能推迟它"。当冰霜最终在疏水性表面形成时，它的密度比在亲水性表面的要小。贝茨假设，结合了疏水和亲水区域的**双性**表面在抑制冰冻方面表现得可能更好。"我们的想法是，水蒸气液滴将优先在亲水区域形成，但疏水区域将阻止它们凝聚成一个层。相反，它们会被固定在原地，彼此隔离。"

---

① 想了解这一点，请在网络浏览器中搜索"Alistair B. Fraser's Bad Clouds"（阿利斯代尔·弗雷瑟的坏云）。

这一发现使贝茨能够控制液体在表面冻结的位置和速度。通过改变表面的化学成分和特征形状，该团队可以加速或者延迟冻结过程。贝茨为某种特定的表面申请了专利，该表面被设计成覆盖着纳米级的柱子。她还在许多不同材料上展示了同样的行为，并在此过程中揭开了其他谜团。"例如，在二氧化硅纳米柱表面形成的冰是立方体结晶，而不是通常定义雪花特征的六角形。我们不明白这是为什么，但很有意思。"

贝茨的工作也可能具有实际意义。"有很多行业都在努力对抗冰霜的形成，"她说，"制冷、空调和运输，它们都必须经常除霜，而且成本很高。"一个例子是航空部门。在冬季，飞机机身一夜之间或者在登机口等待时结霜是非常典型的现象。如果你乘坐飞机时注意到，机场有时会用一种加热的橙色液体喷洒机身，那么你可能已经很熟悉当前的解决方案之一。这些除冰化合物通常由丙二醇制成，其作用是降低水的冰点，阻止结冰，哪怕温度接近 -45 ℃。它们既有效又便宜，因此得到了广泛使用，但如果使用不当，它们就会成为环境污染物。[①] 还有一种化学成分相近，但通常更黏稠一些的绿色液体也可以用作防冻涂层。它能吸收水分，防止其黏附在表面，但这只是暂时的。当飞机在跑道上加速时，它逐渐褪去黏稠的绿色皮肤，等升至 300 米高度，它则完全甩掉了这层绿色皮肤。你可以想象一下，机场要处理大量这样的液体。美国国家环境保护局 2012 年的一份报告估计，美国机场每年要使用 9500 万升除冰液。我问贝茨教授，她的涂层是否可以改变这种状况。"目前我们的双性涂层在成本上无法与除冰液竞争，"她说，"但如果法规有变化，或者化学用品的成本急剧增加，人们可能会考虑其他选项。你永远不知道技术会赶上什么机会。"

机身结冰不是一个小问题，它对飞机性能也有重大影响。美国国家航

---

① 在除冰化合物的使用、处置、储存和再利用等方面，机场受到规定的严格约束。这些规定的具体细节因地区而异。

空航天局的工程师托马斯·拉特瓦斯基（Thomas Ratvasky）告诉《科学美国人》记者：“冰重新塑造了飞机产生升力部分的表面——机翼和机尾。这种粗糙度足以改变空气动力学性质。”它提高了阻力，增加了飞机的重量，并有可能减少推力。总而言之，飞机表面结冰并不是一个好现象。事实上，华盛顿特区航空安全办公室的两名研究人员报告，1982 年至 2000 年，飞机表面结冰在美国造成了 583 起航空事故，导致 819 人死亡。

这些数字包括飞机在飞行时结冰所造成的事故，而在高海拔地区，飞行员要担心的并不是雪或者雨夹雪，因为唯一能真正黏附在移动飞机上的是某些类型的云层中的过冷液态水。在这种情况下，飞机就像前文中的水瓶受到突然一击。当它在云层中穿行时，飞机机翼的前缘受到过冷水滴的轰击，这些水滴冻结并形成冰结构。这通常发生在 –10 ℃ ~ –2 ℃的气温下，接近 –2 ℃的水滴会产生危险的角状结构（被称为“雨凇”）。雨凇因扰乱机翼周围的气流而臭名昭著，这严重影响了飞机的空气动力性能。随着温度的进一步下降，过冷的水往往会在撞击时结冰，产生被称为“白霜”的、易碎的不透明冰楔，并增加飞机的重量。

施用于地面上飞机的涂层都无法解决飞机在飞行中机身结冰的问题，所以人们需要其他系统。大多数大型商用飞机通过管道将热空气输送到飞机的一些关键区域，如机翼和尾翼表面。只要发动机运转就能产生热量，所以这种“排气”起到了防止结冰的热屏障作用。对于波音 787 等飞机上使用的电热系统，热量也是关键。它们的工作原理是在机翼前缘内表面粘贴电线。有电流通过时，它们就会升温，这会阻止冰的形成，或者融化已形成的冰。很多小型飞机采取了更加机械的方法来除冰。被称为“除冰靴”的黑色橡胶膜沿机翼的前缘安装，压缩空气反复为其充气和放气，从而除掉表面形成的冰。尽管所有这些系统都能可靠地工作，但科学家和工程师还在寻找替代方案，其中许多是基于新型的防冰表面涂层而设计的。2015—2020 年，有超过

4500篇关于这个话题的论文和专利发表。滑腻的硅胶、油性石墨烯，甚至从蘑菇中提取的"天然"防冻分子都被提议用于保持飞机表面无冰。那么，未来的飞机是否会凭借超滑表面来阻止冰的积聚？目前还不好说。但作为一个痴迷于表面的人，我承认我希望如此。

冰的滑性是日常生活中许多体验的核心，但它也包含了我在为本书做研究时遇到的一些有趣问题。我以为我很了解冰的特性，我错了。我从未想到我会在一项有数百年历史的运动中发现如此多的争议，我也没有完全理解冰川运动的力学原理。我不知道你怎么想，不过我再也不会用以前的眼光来看待这个材料了。

第 8 章

人类之触

　　赤脚踩在地板上感受到的凉意；键盘的喊里咔嚓声和智能手机的嗡嗡低吟；夏季上衣的清爽质感或羊毛毯子的蓬松舒适；所爱之人的柔软皮肤；当你紧张时，别人会握紧你的手，让你心安。我们生活在一个触觉强烈的世界中，通过皮肤这种神奇的材料来游历其中。它复杂的嵌入式受体网络一直在工作，从环境中获取线索并对其做出反应。我们的**感知能力**塑造了我们。触觉在人类发展史中也发挥了重要的作用，正如神经科学家大卫·J. 林登（David J. Linden）教授等人曾证明的那样，它可以作为一种"社会胶水"，将人们联系在一起。[1]尽管如此，触觉也很可能是最被低估的感官。它在我们的日常生活中处于那么核心的位置，结果却被我们无视了……或者应该说无感。与其他四种感官（味觉、听觉、视觉和嗅觉）不同，触觉没有为任何特定的艺术形式服务。[2]我们从未在餐厅、音乐厅、电影院和香料店内见到过一家"触觉吧"。我能想到的最接近之物是我们本地的布料店，但即使它容纳了各种各样的纹理，也只代表我们能体验到的触觉互动的一小部分。

　　我们的每一平方厘米皮肤都是为触觉而生的，每一种与触觉有关的感觉都沿着自己独特的路径从皮肤传到大脑。疼痛、压力、振动、拉伸、温度变化等都是由特定的感受器感知到的，而且它们收集到的信息能融合得天衣无缝，并与来自我们其他感官的信息相结合，描绘出我们周围环境的复杂触觉图景。皮肤是终极的界面——复杂的多层次表面，我们的内部运作与外部世界在此相遇。虽然触觉被认为是一种生物系统——这远远超出了本章的探讨范围，但它也牵涉物理学和工程学方面的知识。这正是我打算探究的。

---

[1]　要想更详细地了解触觉对人类的意义，我推荐你看大卫·林登在 2015 年出版的《触摸》（*Touch*，维京出版社）一书。关于这种感觉的复杂性（和生物学原理），他是一位优秀的指导者。

[2]　在现实中，所有专家都认为，人类远不止 5 种感官，尽管对于究竟有多少种没有达成共识。

让我们更具体一些，因为并非所有皮肤的敏感度都一样。皮肤大致可分为两种类型：有毛发的和无毛发的。你可能没有意识到的是，你近90%的皮肤都属于前一类。有些部位毛发比较明显，如头皮和腿部，但哪怕是前臂和二头肌内侧等表面看起来光滑的皮肤也覆盖着"桃子绒"：微小、柔软、无色素的毛。真正**无毛的**皮肤只存在于几个部位——手（手掌和手指内侧）、脚底、嘴唇、乳头和生殖器的部分位置。[①]

这种无毛的皮肤具有感知的超能力，专注于那种使我们能够迅速区分物体，并识别纹理、表面和形状的触摸。对人类来说，大多数触觉探索是通过我们手的运动进行的，它们拥有极其精细的感知能力。2013年，瑞典的一个研究团队得出结论，人类可以用食指辨别大小仅为13纳米表面的特征。这相当于5条DNA链并排排列，远远小于我们肉眼的分辨能力。[②]而特拉华大学2021年的一项研究表明，我们的指尖可以区分仅有一个原子不同的两个光滑表面。这就是为什么在这一章中，我们将关注人类无毛的双手，以及探究凭借它们，我们与周围世界互动的多种方式。抓紧了！

指纹

这些年，我已经换了好几本护照和签证，所以我对扫描指纹相当熟悉。但这次的过程感觉有点不同。首先，我坐在位于惠灵顿新西兰警察总部的一个没有窗户的房间里。图像也是在一个比我的智能手机大不了多少的设备上

---

① 某些类型的无毛皮肤，如嘴唇、包皮和阴道，也可以被称为"黏膜皮肤"，因为除了无毛，它还有一层黏膜。
② 根据《科学聚焦》杂志的说法，视力正常的人可以分辨出面前 15 厘米之外、由大约 0.026 毫米的间隙隔开的线条。

收集的。我傻傻地盯着那些复杂的图案，好像以前从没见过似的。负责收集指纹的警察吉兰·哈利勒（Gilane Khalil）正带我"欣赏"我的指尖：

> 黑线是凸起的区域，我们称之为"乳头状脊"，它们构成的图形可以很宽泛地分为三大类：箕形、斗形和弓形（见图20）。在箕形指纹中，脊线走过来，绕一下，然后回旋，回到同一侧。弓形的则是从一侧进来，向上弯曲，然后从另一侧出去——只有大约5%的人有这种指纹。斗形是圆形图案。大多数人都是兼有箕形和斗形，你就是这样。

她指着我右手中指留下的指纹说："不过你的指纹确实不寻常。你能看出它是箕形和斗形的结合吗？这是一个关于复合图案的好例子。"

虽然指纹最受关注，但实际上我们整个手掌的皮肤上布满了这种乳头状脊，也就是说，上面覆盖着典型的深皱褶网络。所有这些复杂性都是对可见的表层之下发生事情的反映。我们皮肤上的脊纹是由不同种类的角蛋白形成的，其中最坚固、最持久的种类存在于脊中，而较柔韧的种类存在于它们之间的谷里。这种组合意味着脊可以承受大幅的压缩，而谷则允许它们弯曲和伸展。

这些图案的根基很深，延伸到皮肤的最外层（表皮）以下，并进入真皮。这层结缔组织具有类似的脊状形态——大卫·林登称其为"向内指纹"，它为表皮提供了一系列支撑，包括血管。皮肤的汗腺和导管使这些层固定在一起，为沿着脊线顶部分布的大量汗孔输送汗液。手掌的无毛皮肤下分布着整个人体规模最大、最密集

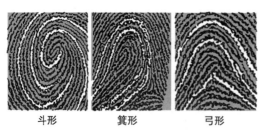

斗形　　　箕形　　　弓形

图20　乳头状脊的形态很复杂，但这是最常见的三种，看看你有哪些

的腺体群，每平方厘米就有 1000 ~ 1200 个。①所以，等下次你紧张而双手冒汗时，你就可以怪罪它们了。

人类并不是唯一手和脚上长着乳突状脊皮肤的灵长类动物。2011 年，匹兹堡动物园和美国联邦调查局开展了一项研究，在例行兽医检查中收集了各种灵长类动物的指纹。不出所料，那些已知与我们密切相关的物种，如猩猩、大猩猩和黑猩猩，都长着类似的箕形、斗形和弓形指纹，只不过数量上的分布与我们的有些不同。猩猩的指纹中几乎有一半都是人类身上不常见的弓形。黑猩猩的斗形指纹比我们多得多，而大猩猩的箕形指纹比例则与人类的差不多。至少还有一种动物有指纹，不过它的演化路径与灵长类动物非常不同，就是考拉。这种毛茸茸的有袋动物（也是澳大利亚的标志）的脊在大小、形状和排列上与人类的脊相似，它们的前爪和一些后爪的趾上也有弓形指纹。斗形和箕形往往只出现在特定的趾上。至于为什么这些彼此迥异的物种会共有这些特定的特征，普遍的共识是脊的存在提高了它们的抓握能力。对任何在森林树冠中度过大量时间的物种（或许我们马上就会发现某种在都市丛林中更常见的物种）来说，这都是一种有用的技能。

长久以来，从合同、泥板到古墓墙壁，人类一直用指纹在所有事物上留下自己的印记。但将其作为识别个人身份的手段——由于其显而易见的独特性，则是较晚的事情，而且有一段相当曲折的历史。与它的早期发展关系最密切的三个人是医生亨利·福尔兹（Henry Faulds）、优生学家弗朗西斯·高尔顿（Francis Galton）和殖民地警官爱德华·亨利（Edward Henry）。福尔兹通过实验确定，指纹是永久性的，即使在皮肤表面严重受损后，它们也能恢复原来的样子。除了尺寸变大，它们从出生到成年一直保持不变。他还为这些图案设计了第一个正式的分类系统。在从世界各地收集了指纹样本后，以

---

① 另外，人们普遍认为，手指也会产生皮脂。这种天然的蜡质物质，是你的头发和皮肤油腻的原因。但事实上，你的手掌上没有皮脂腺，脚底也没有。因此，在指纹中发现的任何皮脂都是通过用手指触摸皮肤的其他部位转移到那里的。

此为基础，高尔顿在1892年的一本书中宣称，摩擦脊是"比任何其他身体特征更可靠的身份标准"。这开启了它们被用于身份识别的大门。

高尔顿强调了这项技术对英国殖民地的潜在重要性，"那里土著人的特征很难区分"。是的，他确实就是这么写的。[①]在印度担任孟加拉地区警察总长的爱德华·亨利采用了高尔顿的研究成果，并确信自己可以把分类系统发展得更加实用。他的成果，也就是"亨利系统"，于1901年被伦敦警察厅采纳，之后其不同版本一直被执法部门和其他机构使用。

近几十年来，指纹识别在法医学尤其是在刑事案件中作为证据的一种形式被使用，受到了一些有声望的科学组织的批评。问题的关键在于个体化概念，也就是说法医痕迹（比如在犯罪现场发现的潜藏指纹）可以明确地与一个特定的人联系起来，从而"排除所有其他人"。2009年，美国国家科学研究委员会发表了一份关于美国法医学现状的重要研究报告。他们在报告中指出，指纹鉴定缺乏做出这种论断所需的科学依据。之后的相关报告也都表达了这一观点，并指出诸如错误率、专家之间缺乏可重复性和再现性、认知偏差等问题。

如果你曾经看过那些精彩的"犯罪现场调查"电视节目，你可能会纳闷，认知偏差与这一切有什么关系？当然，模式匹配都是由计算机完成的，对吧？好吧，尽管计算机化的数据库确实发挥了作用，可以将指纹与存储在数据库中的指纹进行比较，但事实表明，这一过程依赖人力的程度之高令人惊讶。在新西兰，软件只被用作初始过滤器，用于观察指纹的整体图案，以及图像上各点之间的关系。计算机分析会列出一长串可能的候选人名单，然后人类（训练有素的指纹专家）再对每一个候选人进行细致检查。要检查的

---

① 　在他所持有的诸多种族主义信念中，高尔顿认为，在指纹图案、种族和"气质"之间一定存在联系。在他的《指纹》（*Finger Prints*）一书中（可以在网上找到），他思考是否能在"其他特别不同的种族"中发现一种"更像猴子的图案"。你可以感觉到他因为没有发现这种联系而感到失望。如果你决定阅读他的书，请做好在很长时间内愤怒或不舒服的准备。另外，我强烈推荐安吉拉·塞尼（Angela Saini）的《优越》（*Superior*，第四权力出版社，2019 年）一书，方便你深入了解"种族科学"的历史。

东西很多。新西兰国家指纹服务中心的负责人谭雅·范·皮尔（Tanja Van Peer）告诉我：

> 一个高质量的潜藏指纹中可能蕴含着巨量信息。当图像放在我们面前时，我们要观察的不仅仅是脊纹的流向和形状。毛孔、皮肤皱褶和疤痕都是独一无二的。一旦我们在屏幕上缩小了搜索范围，我们就会拿出最初那套指纹，重复分析。我们所做的每一次鉴定都要经过另外两位专家的半盲检查，而且所有这些都会在法庭上重复。我们的验证过程是经得住考验的。

然而，即便有这些检查和权衡，指纹分析也始终被认为是**意见证据**。是的，它是一个基于高素质专家的判断，他们将一枚指纹与错误的人联系起来的概率非常低，但也不是低到零。就其性质而言，意见证据不能提供绝对的确定性。2017年，美国科学促进会表示："（审查员）……应避免在论断中声称或暗示可能的来源仅限于一个人的陈述。像'匹配''识别''个体化'这样的术语，以及它们的同义词，其含义已经超出了科学所支持的范围。"

然而，将人的因素从指纹分析中剔除不太可能使分析过程更加准确。事实上，一些研究表明，当比对指纹时，训练有素的检验员的表现明显优于任何自动化系统。在我访问范·皮尔期间，她反复强调，新西兰的专家们接受了为期5年的严格培训，以精进他们的技能，但她也承认，就连他们稳健的分析方法也不可能完全没有错误。越来越多的机构也在采取类似的"盲证"步骤，以减少出现偏差的风险。而且世界各国似乎都希望这个过程可以更加科学。洛桑大学的法医学教授克里斯托夫·尚波德（Christophe Champod）认为，做到这一点的方法之一是为指纹证据分配数字概率，这将使其更接近DNA证据在法庭上的呈现方式。一些旨在实现这一目标的数学模型正在开发中，尽管目前还没有达到可以广泛采用的程度。

指纹将继续作为法庭上的一种法医证据，但人们希望这些努力能提高其可靠性和客观性，同时也正式确认——就像所有的法医技术一样，它不是万无一失的。唯一能自信地宣布指纹之间"完美匹配"的人是电视里虚构的侦探。

触摸

好了，我想我们已经盯着我们的乳头状脊够久了。下面让我们来谈谈，人类为什么会有乳头状脊，以及它们有什么作用。也许令人惊讶的是，这个问题没有明确的答案，但有两个主要理论。

根据乳头状脊的另一个名字——**摩擦脊**，我们可以推测一下第一条理论的内容。这一理论的基础是，由凸起的斗形、箕形和弓形指纹组成复杂的网络，这一网络控制着我们的手指与其接触的任何表面之间的摩擦互动。换句话说，它们在抓握行为中起着作用。尽管有成千上万的研究探讨过这一想法，但他们的发现大相径庭，而且往往是相互矛盾的。"造成这种情况的部分原因是，很难设计出既能让我们准确地进行必需的测量，又能反映现实世界条件的实验。"马特·卡雷（Matt Carré）教授在谢菲尔德大学的办公室里对我说。卡雷是生物学家，他对人体与周围世界的摩擦互动感兴趣，而皮肤是他工作的一个主要焦点。

"就摩擦而言，当我拿起咖啡杯时，在皮肤和杯子之间的接触面上发生了很多事。把它带到实验室环境中，需要尝试重现一组非常复杂的交互作用的基本要素。"对大多数研究人员来说,"基本要素"可以概括为一个手指与一个表面(或一组表面)的接触。因此,在过去的几十年里,人们制造了各种仪器来提供这种设置并测量起作用的摩擦。它们大体上可以分为两类,每一类都有自己的优点和缺点:要么表面固定在原地,手指移动;要么手指静止,表面在它下面移动。这两种方法都遵循了摩擦实验的悠久传统,即在测量时将一个固体与另一个固体摩擦,而且许多实验都得出了一些有价值的见解。但出于一系列原因,皮肤是一种特别具有挑战性的研究材料。

首先,就像我们在第5章探讨的轮胎一样,皮肤是有黏弹性的。"它有点像橡胶,"卡雷说,"而且我们手和脚上的皮肤比身体其他地方的厚得多。因此,它的机制以及定义其行为的属性都是非线性的。"这意味着皮肤对物体施加的力并不是恒定不变的。皮肤在负荷下会变形,使它能够与各种形状和纹理进行亲密接触。一般来说,负荷越大,皮肤就越能紧贴和顺应一个表面,从而增加它们之间的实际接触面积。那么,我们的手指越用力地按压物体表面,它们之间的摩擦就越大,这样的假设听起来似乎是合理的。但一旦我们把乳头状脊也囊括进来,一切就变得复杂了。

在最近的一项研究中,一个中国团队提出,这些脊是帮助还是阻碍接触,取决于手指的移动方式。他们对方向性很感兴趣,并想知道手指在某个表面上向前滑动会比向后滑动经受更多还是更少的摩擦。在他们的设置中,研究对象的食指以一个已知的角度与表面接触。一根小金属棒从上面轻轻地压向手指,将其固定。这确保了当各种金属表面在手指下方缓慢移动时,总有一个特定的力(或者负荷)被施加到这些表面上。在每次测试中,向后滑动的手指(相对于表面)比向前滑动的手指与金属表面之间的摩擦系数更高。[1]为了搞清楚其中的原因,研究人员用玻璃表面和浸过墨水的手指重复

---

[1] 提醒一下:摩擦系数是一个系统属性,它可以衡量使一种特定材料沿着另一种特定材料滑动所需的力。因此,只有当你知道涉及哪两种材料时,它的值才是有意义的。

同样的实验，并研究了由此产生的指纹。他们发现当手指沿表面向后拖动时，乳头状脊会向外伸展，而当手指向前推进时，脊线会向内聚拢。他们得出结论，正是这种由乳头状脊皮肤的灵活性造成的接触面积的变化，控制了摩擦。

卡雷研究运动和医学中的指肚摩擦已经有 10 多年了，他还探索了皮肤的黏弹性能与其摩擦行为之间的关系。在一项研究中，他用一个基于吸力的设备来测定手掌上不同部位皮肤的扩张性——一种衡量材料变形难易程度的标准。他发现这一指标与表皮最外层（角质层）的厚度之间存在联系。角质层越厚，皮肤就越容易变形，也越有弹性。通过测量一些力，他证实了外层较厚的皮肤也会产生较大的摩擦力。在另一项研究中，卡雷表明，摩擦力和皮肤变形之间的关系取决于手指压向表面的力度。在低负荷下，测量到的摩擦力被滞后现象所支配（见第 5 章）——当受力时，如橡胶般有弹性的指肚会在表面变形和流动。但当载荷增加时，指肚开始失去其弹性，变得僵硬。当这种情况发生时，摩擦力开始线性增加。

不足为奇的是，表面的粗糙度也会影响皮肤与之接触的充分程度。这就是为什么卡雷说，"运动设备和残疾人辅助工具等器械的表面往往会被添加上不同款式和图案的脊纹。假设它们能改善抓持力，而开发它们的过程中究竟有多少科学依据，我们就不清楚了"。卡雷与谢菲尔德和埃因霍温的同事合作设计了带有一系列不同脊线的黄铜表面，用于更好地了解这些图案的影响。他们分别测量了脊线高、脊线窄和脊间距大（分别为 2 毫米、6 毫米和 10 毫米）时的最大摩擦力，并得出结论，这是由指肚的显著变形造成的。但摩擦力并不总是很高，随着手指的脊线划过表面，摩擦力周期性地减少和增加。在较小、排列更紧密的脊上测得的摩擦力**最稳定**。"我们发现并不存在某个最佳图案，"卡雷继续说，"它取决于物品的用途和抓握方式。在日常工作中，我们未必总是想要高的摩擦系数。有时，一个较低但更可靠、更稳定的数值的效果最好。"

影响表面阻力的最重要因素似乎是水，无论是表面还是内部。"在实验室里，我们看到了皮肤内含水的影响，尤其是手部，"卡雷说，"角质层实际上是一层死皮细胞，其含水量生来就有很大的差别，这取决于个人，甚至一天中的不同时间点，含水量也大不相同。一般来说，含水量较高的皮肤往往比干燥皮肤更柔软，表面摩擦也更大。"多项研究支持卡雷的结论，并表明皮肤的结构特性对水分非常敏感。随着周围空气湿度的增加，构成皮肤的细胞会膨胀，变得更加柔韧和有弹性。这增加了皮肤与物体的接触面积，进而提高了摩擦力。

汗水也会对指肚的接触机制产生影响。汗水从沿着每个乳头状脊分布的孔隙中分泌出来，它会干扰滑动的手指与光滑表面的相互作用，导致二者之间的摩擦系数大约**增加**一个数量级。但如果表面像纸一样多孔而粗糙，摩擦力就会随着时间的推移而**降低**。研究人员认为，这可能是因为汗水被孔隙吸收后纸张变"光滑了"（与引言部分的湿沙不同）。不管涉及什么表面，人们似乎普遍认为，在完全干燥和浸润之间，存在一个有助于抓持的最佳湿度水平。韩国研究人员最近证明了，当表面上有一层非常薄的水或汗水时，摩擦力是最大的。一旦水量增加到乳头状脊被"淹没"（在他们的案例中超过0.2毫米），摩擦力就会骤降。

那项研究是基于手指的一个硅胶复制品，而不是真正的手指，所以它忽略了一个潜在的重要现象。对任何一个手洗过一堆脏盘子，或者在漫长的一天结束之后享受热水澡的人来说，这个现象再熟悉不过：指肚短暂地变得皱巴巴、状似梅子干。2011年，美国一个研究小组表明，手指通常浸泡在水中约5分钟后出现的那些褶皱，可能有助于我们在非常潮湿的条件下抓握物品。[1]该小组一开始的想法是，这些褶皱的作用就像湿轮胎上的胎面块一样，利用凹纹组成的沟渠排掉接触面上的水。当分析浸水后起皱手指的图像时，

---

[1] 这种起皱现象在淡水中往往比在海水中发生得更快。

他们发现了一个不同的类比——褶皱图案和许多河流的排水网络之间有明显的相似之处。这种机制，再加上皮肤的黏弹性，意味着当你抓着一个潮湿的物体时，大部分液体会沿着褶皱被挤出，使你的皮肤与表面紧密接触。但这些褶皱是否真的有助于抓握，仍有很多争议。其中一项研究涉及将小型水下物体（鱼漂和玻璃弹珠）从一个容器转移到另一个容器，结论是褶皱确实**改善**了操控能力，使参与者能够更快地完成任务。一年后，另一个研究团队进行了类似的研究，结论是褶皱的存在并**没有改善**灵巧性。而2016年发表的一篇论文宣称，湿润的褶皱实际上**降低了**手指的摩擦和抓握性能。

因此，目前而言，我们还不能得出关于带有褶皱的手指具有有用性的确切结论。但我们确实知道它们是如何形成的，与你所期望的不同，它与水进入皮肤并使其饱和没有关系，而是由表皮深处的血管收缩造成的。就像帐篷在其内部支撑物被移除后会倒塌一样，收缩的血管导致上层结构向内折叠。乳头状脊皮肤的复杂内部结构限制了这种塌陷，便产生了被我们与浸水联系在一起的特征性深沟。至于为什么浸水产生的褶皱只出现在手和脚上，主流观点认为，这与汗腺的存在有关。汗腺在体表以下，与密集的神经末梢网络紧密接触。浸水使汗腺中发生化学变化，触发了这些神经元，导致血管收缩。这个过程的发生不需要我们的意识参与。这完全取决于我们手指上神经的自主反应。神经元和浸水褶皱形成之间的联系是那么紧密，几十年来，它们的存在一直被用作手部神经功能的一个简单测试。外科医生意识到，在浸入水中后，因受伤或手术而失去感觉的手指往往会保持光滑，而其他的手指则会出现预期的褶皱。如果神经损伤是暂时的，一旦这些手指的感知能力开始恢复，褶皱也会再次出现。

这一发现为我们带来了关于为什么我们有带脊纹手指的第二个理论：它们的图案增强了我们感知表面微小特征的能力。是时候谈谈我们复杂的触觉背后的传感器了。

感知

闭上你的眼睛。我希望你对你现在拿着的书（或设备）进行仔细的触觉探索，并通过感觉描述它。它有多重？它的温度与你皮肤的温度相似吗？如果你按它，它会"后退"吗？你能分辨出它表面的纹理吗？它的边缘怎么样，尖锐的还是圆润的？你能回答这些问题（甚至更多），因为在你皮肤的许多层次中埋藏着一系列复杂的感受器（被称为"**机械感受器**"）。顾名思义，它们收集施加在皮肤上的任何机械力或刺激的信息，如压力、运动或变形。然后通过其附属的神经元，它们将信息发送到中枢神经系统进行处理。① 四大类机械感受器服务于触觉互动，它们都有自己奇特而富有诗意的名字（见图21）。

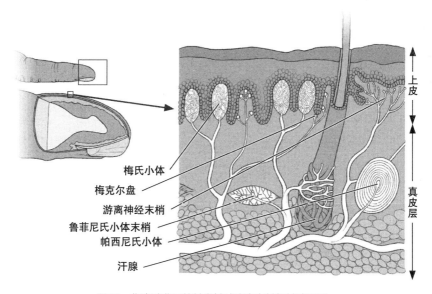

梅氏小体
梅克尔盘
游离神经末梢
鲁菲尼氏小体末梢
帕西尼氏小体
汗腺

上皮
真皮层

图21 你皮肤非凡的触觉敏感度来自其机械感受器

---

① 机械感受器只是构成人体体感系统的五类感受器之一，分布在我们的皮肤上。其他四种是温度感受器（探测温度的变化）、本体感受器（探测身体和肢体的位置以及自我运动）、化学感受器（探测化学变化，它们帮助我们品尝食物和饮料）和疼痛感受器。

很多人都不知道，当我们敲击键盘或者触摸物体边缘时，我们通过**梅克尔盘**来收集信息。它们是一束束神经末梢，位于相当接近皮肤的外表面。梅克尔盘在全身无毛和有毛的皮肤中都有分布，但由于特别密集地分布在乳头状脊下面，所以它们在指肚中非常常见。除了帮助我们识别边缘和形状，梅克尔盘还对不断变化的质地做出反应。另外，它们对最微小的压痕也很敏感。它们还能感知低频振动。梅克尔盘被描述为"缓慢适应"，意思是只要你触摸一个物体，它们就会持续感知它并将信息传递给大脑。

这与**梅氏小体**不同，如果感知对象没有任何变化，后者就会停止感应。梅氏小体是我们手部皮肤中最常见的感受器，它们埋藏于真皮层"内向指纹"中。尽管梅氏小体在静态触摸或皮肤与物体持续接触时不是特别有用，但在动态触摸中绝对至关重要。因此，每当我们的手指在表面上移动时，这些豆状细胞就会收集重要的触觉信息。如果你曾经因为感觉到一个物体开始滑落而本能地调整你对它的抓握姿势，你必须感谢"快速适应"的梅氏小体。它们的末端垂直于体表，所以当皮肤受到压缩时，这些小体就会变形。一些研究人员认为，乳头状脊的形状放大了这种效应，增强了梅氏小体的敏感性。多项研究表明，失明的人往往有特别精细的梅氏小体。这些受体在失明的人阅读盲文的过程中发挥着非常重要的作用。

皮肤的更深处还埋藏着两类机械感受器，它们都是用来感知压力的。第一类是**帕西尼氏小体**，乍一看它和梅氏小体很像，但尺寸要大得多，直径为3~4毫米。它们的适应速度更快，并能对更小的变形做出反应。这表明它们能帮助我们辨别非常精细的纹理，特别是当移动手指的时候。早在2009年，法国研究人员就设计出一种带脊的触觉传感器，它模仿了人类手指上乳头状脊的大小、形状和方向。当他们沿着一个表面滑动它时，它产生了200~300赫兹范围内的振动，刚好是帕西尼氏小体最敏感的范围。关于我们指肚上的脊帮助感受器寻找信息的理论正是源于这项研究。在写本书期间，它还没有得到明确的证明，不过后来的研究提供了一些证据。

　　鲁菲尼氏小体末梢是拼图的最后一块。它们是杏仁状的感受器，能检测持续的压力和深度触摸，以及皮肤的拉伸和关节的变形。它们提供了关于手指位置的有用信息，这使得它们在抓握控制方面非常重要。鲁菲尼氏小体末梢也被认为能感知温暖，这也许可以解释为什么烧伤的疼痛感仿佛在皮肤表面下阴魂不散。

　　这些机械感受器通力合作，使我们凭借本能在触觉世界中游刃有余。[①]每当我们的手指接触到一个物体时，这些微小的生物机器就会弯曲和活动，无数的神经末梢就会放电，向我们的大脑发送明确无误的电信号。我们手指的位置和运动为探索提供了关键的线索，我们的手掌也收集并传送着大量信息。因此，当按压某个物体时，我们可以了解它的硬度，并通过举起它来判断其重量。把它握在手里，我们就能了解到它的整体形状和体积，而用手指描画它的边缘，则能获得更准确的细节。当我们来回移动手指时，我们可以揭示精细的表面纹理，但如果我们想测量一个物体的温度，静态接触是最好的办法。

　　在几百分之一秒内，这些信号混合成一个流畅连贯的数据流并被发送到我们的大脑。眨眼间，我们已经做出了反应，调整我们的手指和它们强健而柔韧的皮肤，以保持适当的握力。与听觉或者视觉刺激相比，人类对触觉刺激的反应更快，这表明我们的**感知力**在我们的进化和日常生活中发挥了重要作用。对地球上超过3500万患有视觉障碍的人来说，触觉不仅仅是一种感官。

---

① 无毛皮肤也含有自由的神经末梢，对疼痛、极端冷热和轻触敏感。第五种机械感受器叫作"克劳泽氏终球"，据说也能感知低温，但我能找到的关于其具体功能的研究非常少。

盲文

英国广播公司（BBC）第四台首次播放《指环王》改编剧时，塞尔·奥莫德林（Sile O'Modhrain）正在爱尔兰一家寄宿学校就读。她着迷地听完了每一集，但吸引她的不是史诗般的故事，也不是演员的演技。"音响效果令人震撼——它们使这个剧集变得非同寻常。那其实就是开始。我迷上了英国广播公司的所有节目，并且确信那就是我想做的事。"在获得音乐学士学位和音乐技术硕士学位后，奥莫德林得到了她梦寐以求的工作——服务于英国广播公司的录音工程师，专门负责制作广播节目。

当时，音频录制仍然是在磁带上进行的，因此剪辑工作涉及物理切割，然后将磁带的各个部分拼接在一起。仅仅几年后，也就是20世纪90年代中期，一切都改变了。"音频开始数字化，剪辑工作突然需要呈现视觉效果，"奥莫德林在电话里对我说，"以前剪辑时，我可以在磁带上做上我能摸出来的标记。但现在，工程师需要在屏幕上移动光标，选择声波的片段。对我这个盲人来说，这种转变是巨大的，意味着我做不了我的工作了。"

奥莫德林搬到了加利福尼亚，在斯坦福大学音乐和声学计算机研究中心攻读博士学位，并发现身边全是"对数字声音的未来有着深刻思考的神奇之人"。这使奥莫德林走上了一条新的道路——至今仍在这条路上，使音乐和数字界面更有触感。在她迄今为止的职业生涯中，奥莫德林探索了各种各样的课题，从可触摸的声音地图和量化乐器的"感觉"，再到虚拟现实的手势控制和供盲人使用的网络浏览工具。现在作为密歇根大学表演艺术技术的教授，她正在开发一种可用于文字和触觉图像的全页盲文显示器。

盲文是一种基于触摸的读写系统，由法国少年路易·布莱叶（Louis

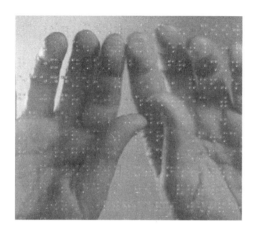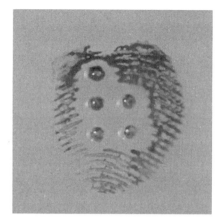

图22　阅读盲文时，指肚会变形，为每个字母或单词呈现独特的形状

Braille）在巴黎皇家盲人青年学院学习时发明。他听说拿破仑的军队曾使用过一种名为"夜文"的密码。这种密码基于由凸起的点构成的图案——其中每12个点组成一个大的单元，使部队能够在天黑后安全地分享简单的信息（虽然速度很慢）。路易在1829年发表的版本，比之前作为军事密码的版本更简单，但在某种层面也更复杂。他使用6点单元（2列，每列3点），不同的点组合代表单个字母、数字或标点符号。这些单元足够小，可以被一个指肚覆盖，这使得读取速度更快。[①]盲文的基本原理时至今日基本没变过，只不过是扩展到把数学运算符号等也包含在内。如今大多数有经验的读者使用的都是缩略盲文。这是一种速记形式，其中一些单元代表常见的单词（比如"你""那个""从"），而不是单个字母（见图22）。

一整页盲文印刷品通常有大约1000个6点单元，分布在25行。阅读者的手沿着每一行从左到右移动，依次触摸单元，虽然实际上只有食指接触到了这些点。曾有一些研究要求受试者同时使用食指和中指"阅读"，但这非但没有使阅读变得更容易，反而**降低**了阅读效果，使人们更难识别单个字符。

---

① 布莱叶还利用这一系统开发了音乐符号，每个图案代表一个音符的音高和节奏。在英国皇家全国盲人协会网站上有一份关于盲文音乐的指南。

盲文实际上是由规则间隔的圆顶状小点组成的纹理，每个小点大约0.5毫米高。因此，当指肚滑过一个单元时，皮肤会因这些小点而变形，从而产生摩擦力。但是，正如奥莫德林在2015年的一篇论文中指出的那样，当通过典型的轻触和横向运动阅读盲文时，指肚和表面之间的接触面会持续而快速地变化，皮肤并没有流畅到可以在特定单元上的点之间"流动"。因此，这个接触面具有"正在被阅读的特定盲文字符的特征形状"。针对这种不寻常的接触和皮肤机械感受器反应之间的关系，人们展开了一系列研究。瑞典的一个团队的研究表明，乳头状脊在有纹理的表面上不易察觉的滑动可能至少是梅克尔盘和梅氏小体被触发的部分原因。

"阅读盲文是一个动态过程，"奥莫德林说，"早在20世纪20年代，心理学家大卫·卡茨（David Katz）就围绕指尖与表面的接触做了很多开创性的工作。他说过一件事，即一旦你停止移动手指，触觉印象或者感知就会从'视野'中消失。换句话说，你必须移动才能感知到。"[1]这个想法现在被称为"主动触摸"，说的是，尽管你的机械感受器可以从静态或者被动接触中收集到一些有价值的信息，但手或手指的额外运动会让我们的触觉感知变得更加精准。当我问这是否标志着感知和感觉之间的区别时，奥莫德林回答："没错，实际上是这样。当你自己控制运动时，你对世界的印象会更加深刻。当你主动探索一个表面时，你获得的感知要比有人拿着一个物品在你手指上来回蹭时生动得多。"一项确定触觉传感器在盲文印刷品阅读中的作用的研究发现，主动触摸（参与者可以沿着盲文移动他们的手指）的表现要优于任何被动或者静态触摸。在对一组使用单行盲文显示器的、有经验的盲文阅读者进行观察后，奥莫德林和她在密歇根州的同事得出了类似结论：当指尖与盲文表面有滑动接触时，识别错误率最低。

---

[1]　大卫·卡茨出版了一本关于触觉研究的著作，名为《触觉世界的结构》（*Der Aufbau der Tastwelt*，1925年）。20世纪80年代末，该书被翻译成英文，以《触摸的世界》（*The World of Touch*）之名出版。

奥莫德林说，这就是为什么静态手指刷新单一盲文单元的技术在盲文读者群中如此不受欢迎。"当你移动你的指尖时，你获得的信息要比用针将盲文图案推到你静态的手指上时多得多。然而，视力正常的制造商仍在继续生产此类产品，并天真地将其吹捧为帮助盲人计算机用户的真正解决方案。"这一情况正在发生变化。大型科技公司聘用有视觉障碍的工程师和设计师的比重逐渐增加（尽管这个转变来得有点迟），以确保他们的产品能够（并将持续）服务于视障人士。由像奥莫德林这样的视障研究人员推动的项目正在走出实验室，进入市场。其中的许多工作构成了一个更大目标的一部分，该目标被称为"神圣盲文的探索"（The Quest for the Holy Braille），旨在生产一种低成本、全页面、可刷新的触觉显示器，类似于电子阅读器，但使用的是盲文针，而不是像素。"这一技术的发展对盲人的意义，就相当于从命令行界面到图形用户界面的转变对视觉健全人士的意义。"她说。

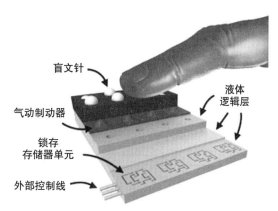

图 23　密歇根州团队的可刷新盲文方案是独特的，使用了微型液体通道中产生的气泡

目前已有少量的单行、半页或者全页盲文显示器被推向市场。它们中的大多数依赖于被称为"压电双晶片"的装置。当被施加电压时，这种装置会弯曲，将针头推上布满孔洞的表面，创建出盲文字符。虽然有效，但双晶片需要大量的后端电子元件才能运行，因此最终的成品又大又重。目前的显示器也贵得令人咋舌，如半页盲文的价格竟然高达50000美元。我们需要的是一种更高效、更便宜的设备，价格最好在1000美元上下。因此，密歇根州的团队——奥莫德林和机械工程师布伦特·吉莱斯皮（Brent Gillespie）教授

与亚历山大·鲁梭曼诺（Alexander Russomanno）博士，正在使用一种基于气泡的方法来取代双晶片（见图23）。"几年前，布伦特提到，他找到了一种方法，可以让小气泡在可弯曲的柔性膜内上下移动。这促使我们想弄明白是否可以用这种运动来驱动盲文针。"她解释道。在他们目前的显示器原型产品中，盲文针均位于一个覆膜的微小空腔之上，而这些空腔又位于一个内有加压液体流过的微通道网络之上。当需要显示特定的盲文字符时，控制阀（类似于电子晶体管）打开，使液体只流入相关的空腔，从而推动构成该字符的针尖上升。

"我们认为这种方法有几个好处，"奥莫德林说，"首先，尽管通道非常小，你需要用显微镜才能看到它们，但它们制造起来相对简单。它主要是批量生产的，而不是由单个部件组装而成。它也没有机械部件，制动器（气泡腔）位于针的正下方，所以它占用的空间仅相当于双晶片的一小部分。"就在我们谈论此事时，该团队已经生产出一台小型设备——大约是智能手机的一半大小，可以显示大约200个针脚。目标是至少达到6000个，奥莫德林对此表现得很乐观："一切都很顺利。我们已经集成了基板、逻辑电路和气泡，它们在空气阀的控制下驱动针脚。我们也在梳理供应链。我们差不多已经处于可以扩大生产规模的阶段……尽管这本身也会带来挑战！"

挑战之一是选择用来显示盲文和触觉图像的针脚密度——每平方厘米的最佳针脚数。这需要做出权衡。标准盲文的点密度不够高，无法呈现地图和图表所需的平滑曲线或斜线，但如果盲文单元中的点彼此靠得太近，就很难分辨，因此也更难阅读。一些设备制造商建议，使用更细的尖头针也许是增加针脚密度的一种方法，因此，奥莫德林和她的同事开始研究这将如何影响读者对盲文的感知。他们3D打印了一系列盲文，每个字符都使用6点单元。它们被分为三个类别：正常的，每个点由一根针（标准直径或尖头）表示；组，每个点由四个尖头针表示；团，只能辨别盲文字符的整体形状。团最不受欢迎，用组呈现的字符也不受欢迎。"但最终我们发现，读者最感兴趣的是点的数量和它们之间的相对位置，"她说，"因此，只要我们不改变这些东西，我们也许就能使用更细的针，并提高针脚密度。如果你要阅读大量的文字，尖尖的针摸起来就没有那么舒服了，但对于表现高分辨率的图形，它们可能很合适。"

在撰写本书期间，密歇根系统使用的是标准针脚，但奥莫德林告诉我，随着他们对该系统的持续开发，这些更高密度、更细的针脚可能成为默认选项。她最后的结语中充满了自信：

> 全页触觉显示解决方案将在不远的未来出现，对此我是抱有希望的。哪怕它不是来自我们，也会由其他拥有好主意的人做出，因为它有数以百万计的潜在用户，有着明确的需求。基于语音的技术和单行显示能做到的无非如此——它们仍然依赖于盲人维持一个信息组织形式的心理模型。触觉显示器将把部分责任转移到设备上，并为我们提供更多与内容互动的方式。这可能是一场变革。

触觉再现

人类触觉最了不起的地方之一是，尽管它依赖于我们皮肤内微小受体的物理变形，但它并不局限于我们的身体。或者至少可以说，我们有办法扩大它的影响。每次我们使用一个工具时，我们都能感觉到它的末端发生了什么。我们可以通过笔尖感受到纸张的粗糙度，或者通过铲子的手柄探知土壤是松散的还是密实的。这种隔着一定距离感知的能力，从我们没有直接接触的物体中捕捉触觉线索的能力，长期以来一直令研究人员着迷。直到20世纪60年代，人们才第一次明确地将其与帕西尼氏小体联系起来。人类的每只手上都有大约2500个这样的机械感受器，手指上的数量大约是手掌上的2倍。

它们的特征是对高频振动极其敏感，这就是为什么它们对这种所谓的"以工具为媒介的触摸"特别重要。现在已经有多到数不清的研究证实，当笔尖或铲子边缘碰到一个表面时，它会产生振动，然后通过工具传递给手上的帕西尼氏小体网络。至于此后在中枢神经系统内发生了什么，还存在一些问题，但越来越多的证据表明，无论信号源自直接接触还是工具介导，大脑处理它们的方式都非常相似。

虽然我们的触觉会因为使用工具而变得迟钝，但我们仍然可以收集到非常有用的信息，比如一个物体有多么坚硬或者柔软，同时获得对其纹理和摩擦特性的详细了解。和我们的指肚一样，比起保持工具静止不动，工具介导的触摸在主动情况下最准确，在表面上移动工具能够让我们获得更多关于这个表面的信息。

南加州大学计算机科学助理教授希瑟·卡伯特森（Heather Culbertson）利用了这一点。她的系统可以扫描和捕捉表面的一些基本触觉特征，并在其他地方重现，使用的是一种类似粗圆珠笔的手持工具。[①]这项技术被称为**"触觉造影"**，其英文名称"haptography"由"haptic"（在希腊语中是"触摸"的意思）和"photography"（摄影）这两个词合成，而卡伯特森则是这个新领域的领军人物之一。"从本质上讲，触觉造影就是为一个你希望以后再去感受的有趣触觉互动拍快照，"她告诉我，"也许你想重现某种特定织

---

① 卡伯特森的前顾问和长期合作者凯瑟琳·库琴贝克（Katherine J. Kuchenbecker）教授在2011年提交了触觉造影笔的原始专利。

物，或者木头、黏土，或者塑料的感觉。"卡伯特森和她的同事甚至用它来记录博物馆收藏的恐龙皮肤样本，以便该国其他地区的学童能够亲自感受它。[①]

触觉造影的基础是准确捕捉你沿着表面拖动工具时产生的振动——与激发我们的帕西尼氏小体的振动相同。卡伯特森解释道，其他信号也被捕捉到了：

> 触摸是一种机械感觉。触摸物体的行为会产生力、振动和摩擦。在我们的皮肤上，这些信号是由机械感受器检测到的，但在我们的触觉造影系统中，我们有一支笔，里面有一堆传感器。当你在你感兴趣的物体上移动它时，力传感器会测量你按压的力度，位置传感器会探测你在该表面上的位置，而专业的加速传感器则负责捕捉由表面纹理和硬度产生的独特的高频振动。

与许多与触摸有关的实验不同，手持触觉造影笔的人可以自由地以任何方式移动它，而不必限于某些速度或力量。虽然这使得数据处理更具挑战性，但卡伯特森的研究表明，这增加了他们接下来创建虚拟表面的真实感。"我们不能说一个物体或者一个表面总是给人某种感觉。我们只能说，当你与它这样互动时，它会带给你这样的感觉。人们都有自己的内在感知模型。他们本能地知道，表面感觉会随着他们移动方式的改变而改变。我们并不试图与之对抗。"捕捉到触觉数据之后，卡伯特森便将其分割成几十毫秒长的微小时间段，并用它来创建这些相互作用的数学模型。然后，该模型可以通过一支类似的笔进行回放，就像沿着另一个表面移动时那样振动。它还可以

---

① YouTube 上有一则卡伯特森助理教授在 2020 年发表的演讲。搜索 "Haptics For Communication in a Socially Distanced World"（社交疏离世界中的触觉交流）可以找到。

根据每个人的动作进行调整，随着动作的减慢而减慢，或者随着人的用力按压而增加振幅。由此产生的触觉错觉可以将一个显示屏变成一个感觉像砖墙、地毯或者软木板的表面。

卡伯特森已经用她的触觉造影系统捕捉了100多个不同表面的触觉特性。她说，我们交谈时，由此产生的数据库已经被下载"几千次"。目前我们还没有将该系统商业化的计划，但我们希望通过允许人们免费访问模型和纹理数据库，让该技术支持许多不同的应用。

在过去的几年里，卡伯特森一直致力于在虚拟和增强现实环境中添加触觉界面。在一个项目中，她的团队设计了一个装置，戴在手指上时可以模拟出重量的感觉。他们称这个抓手为"Grabity"，源于"gravity"（重力）和"grab"（抓握）这两个词。该装置利用皮肤的变形和反作用力，使拿起虚拟物体的体验更加真实。在另一个项目中，他们把注意力放在了触觉起着关键作用的牙科学上。"在检查和手术过程中，牙医通过触摸互动获得很多线索，所以这构成了他们训练的重要部分，"卡伯特森说，"然而，牙科专业的学生大多在塑料材质的牙齿模型上练习，而这些模型的真实感相当有限。我们希望通过在这些实体模型上叠加虚拟触觉信号来增强牙齿的真实感，以重现蛀牙、牙菌斑或者龋齿。"触觉造影技术也被认为是为机器人辅助手术增加"触摸反馈"的一种方式，在这种手术中，人类外科医生的双手操纵精密的机器人仪器，而不是传统的手术工具。

卡伯特森越来越关注的一个领域是生成多模态纹理，这不完全依赖触觉信号。"你的感官并不存在于真空中。你对世界的感知很少——如果有，也仅由一种感官定义。因此，当你与一个表面有图案的物体互动时，你的所见会影响你的所感。"她最近发现的证据支持了我们这些曾用粉笔在黑板上写字的人的经验：当涉及工具介导的触摸时，声音特别重要。"无论评估的是什么质地，声音都能显著增加真实感。它比单纯的触觉线索更能完整捕捉纹理的粗糙度和硬度，"她说，"当然，这增加了我们工作的难度，但它也反映了人类触觉的现实——它非常复杂，又非常有趣。"

*　*　*

我们的皮肤是一个界面，它既将我们与周围环境联系起来，又将我们与周围环境隔离开来。这一点在我们手上表现得最明显。从我们留下的指纹，到我们可以从不同表面和物体上收集的大量线索来说，我们的触觉确实是一种与众不同的导航工具。

第9章

纤毫之隙

我父亲杰基之前是工具制造行业的一名精密工程师，现在已经退休了。这意味着我们的车库、抽屉里总是装满有趣的装置：滑块、量角器、螺丝、水平仪和探头。对像我这样的好奇宝宝来说，这些工具箱就像装满珠宝的宝箱。我很喜欢倒腾它们，并为每件"珍宝"发明用途。一天晚上，爸爸的一个朋友把一个沉重的抛光木箱送到了我家。"这是我向杰基借的，"他告诉我妈妈罗斯玛丽，"我保证我把它保管得很好。所有的物品都在！"我很好奇里面是什么，所以逮着机会便开始一探究竟。箱子里有50多个长方形金属块（我后来才知道它们是钢的），每一个都被安放在自己的槽里，贴着标签，按尺寸排列。当我移动箱子时，金属块的侧面吸引着我的目光。它们被打磨得太精细了，像镜面一样亮。我很想拿出来一个仔细看看。但我太困了，就关上盖子去睡觉了。第二天早上，爸爸把箱子带回了公司，但在晚餐时他告诉我它们叫"量块"，用于测量长度，非常精确。

30年光阴倏忽而逝，此刻我身处新西兰测量标准实验室的一个实验台前，周围摆放着几堆似曾相识的箱子。"哇，你说你有'很多'套量具，原来不是说着玩的啊。"我笑着对勒尼斯·艾弗格林（Lenice Evergreen）说。她是研究工程师和长度标准方面的专家。新西兰测量标准实验室是一个计量机构，这意味着它专注于测量科学。我的成长期是在英国的同类机构（国家物理实验室）度过的，所以我访问新西兰测量标准实验室时非常开心——它给我一种家的感觉。而且这一次，我在那里**终于**亲手摸到了锃亮的量块。"这些套件都是我们需要的，这样才能确保我们能够匹配任何可能被送来校准的东西。"艾弗格林回答道。她打开几个箱子，并向我展示了里面的东西："量块通常由坚固的材料制成，常见的材料有三种：固化钢，在车间里很受欢迎，而且相对便宜；陶瓷，就是这些白色的块，它们耐腐蚀；还有碳化钨，非常耐磨。"

由瑞典工程师卡尔·爱德华·约翰逊（Carl Edvard Johansson）在 19 世纪末发明的量块（为纪念他而被称为"Jo块"）既平凡又非凡。艾弗格林告诉我，它们在某种程度上是工业测量的主力军，"大多数制造车间检查和比较加工部件的长度，并保持他们自己的设备校准的默认方式"。它们经常被油或凡士林弄得油乎乎的，已经完美适合了周围的环境。你花几百美元就能买到一套基本产品。但量块也是一种精密工具。它们的两个抛光面彼此平行，超级平坦，两者之间的距离也是高度精确的。因此，每一块本身就是一个测量工具。它们还可以叠放在一起，拼成大量不同的长度，这时你才能真正看到它们的特殊之处。

图24　我第一次尝试研合量块，排列方式还有待改进

将量块叠放在一起的过程被称为"**研合**"。你首先要选择能让你达到目标长度的最少数量的量块，例如为了拼出 9.6 毫米，你可能会选择一个 6.5 毫米的和一个 3.1 毫米的量块，然后清洗它们，去除让人不适的保护层。"我们先做一次干研合。"艾弗格林说。这时计量工程师学徒妮娜·弗龙斯基（Nina Wronski）递给我一瓶乙醇和一些湿巾。然后艾弗格林将两个刚清洗过的量块放在一起，使其抛光面以十字形相接。她把它们从一边滑到另一边，并慢慢地旋转，逐渐使两个量块完全对齐，然后放开其中一个。这两个量块仍然粘在一起。"现在你试试，"她指着我面前的箱子说，"只要确保你在做的时候给量块施加一些压力。"我挑了两块，用乙醇仔细清洗了下，然后按

照她的指示做。我的对齐方式还有待改进，但别管怎样，量块研合到了一起（见图24）。令我讶异的是，它们相互**粘连的程度**。我知道这是预料之中的事，因为我读到过，在演示过程中，约翰逊会把超过90千克的东西悬挂在一对研合好的量块上。[①]但没有什么能比得上亲身感受。我拽着那些量块，直到快要把肌肉拉伤（怎么说呢，我的好胜心太强了！），它们还是纹丝不动。弗龙斯基笑着说："你需要把它们扭回到交叉位置。"这个办法需要花费点力气，但它管用，量块分开了。她继续说："有一次我操作量块时，把它们研合得太紧了，甚至扭转了也不能把它们分开。我们不得不在溶剂中浸泡了它们一夜！"

与流行的看法相反，研合良好的量块之间的结合与磁力无关。它们通常是由非磁性材料制成的，而且哪怕是钢制的，你把它们拉近时，也不会有任何吸引力增加的感觉。也没有证据表明空气被挤出来在量块之间形成真空，也没有迹象表明材料之间发生了化学反应。那么，到底是怎么回事？

两种潜在的机制最常被提及。一种是由可能存在于量块表面的任何液体产生的黏聚力。在干研合的情况下，这将是空气中的水蒸气，但在大多数实际应用中，量块是用某种中间油来研合的，就像艾弗格林所展示的那样。"你在其中一个量块上涂一点点油，然后把它们放在一起。现在你必须让它们相互滑动，好让油膜均匀地分布开来，"她把量块递给我并说，"如果你现在滑动它们，你应该会感觉到它平滑得就像刀切奶酪一样。"这个描述很到位。"那么现在我们把它们分开，轻轻地擦掉其中一个量块上的油，然后再把它们放在一起。重复这个操作，直到它们结合在一起，这就得到了一个真正干净的研合方式。"尽管你留下的油量相当少，但其分子的黏聚力足以将

---

① 《量块的历史》（*The History of Gauge Blocks*）是精密仪器制造商三丰公司编撰的一本薄书，于2015年在网上发布，目前仍可从该公司的网站上免费获取。

量块固定在一起。另一个被提及的来源是某种分子吸引力，可能就是第2章中壁虎利用的范德瓦耳斯力。这只在量块超级光滑、完全干燥，且表面之间完美接触的情况下才有可能发生。分子作用力也可以解释为什么量块接触的时间越长，就越难分离。"正因为如此，叠放量块使用完毕后，要拆开并涂上保护液，这一点相当重要。"弗龙斯基说。

但归根结底，我们还是不能断言这些量块是如何研合在一起的，因为我们的确不知道。或者正如国家标准与技术研究所的计量学家所说："在实践层面，我们可以描述研合膜的长度特性，但对于这一过程中所涉及的物理学原理，我们缺乏更深入的了解……可能永远不会有一个关于量块研合的明确物理描述。"

读到这里，你可能已经了解到像精密长度测量这种与工业相关的常见操作的核心是一个谜，所以对此并不感到震惊。毕竟，在本书中，我们探讨了无数发生在表面和表面之间有趣的相互作用。我们已经探讨过，当材料相互接触时——无论是在水中行驶的船只还是在地壳深处碰撞的岩石，令人惊讶的科学现象比比皆是。但是，还有一些更基本的东西需要考虑：当我们说两个物体"接触"时，我们到底在说什么？

哪怕是研合良好的干燥量块，它们之间也可能有一层纳米级的水膜，所以它们真的接触了吗？粗糙表面呢？比如冰壶的运行带和冰粒，它们之间**到底有多少接触**？接触的性质对摩擦也有巨大的影响，尽管经常被人谈论，但它仍然是一个笼罩在科学奥妙中的话题。在最后一章中，我希望通过将目光对准小事物来揭开表面接触的一些奥秘：放大到单个原子的规模，想象得到的最亲密接触。

焊接

首先，让我们来一次短暂的木星之旅。美国国家航空航天局1989年发射的"伽利略"号是人类第一个进入太阳系最大行星——木星的大气层的航天器。"伽利略"号的主要通信工具之一是它的高增益天线——由一系列支架支撑的金属网盘，看上去就像一把大伞。在准备和发射过程中，它被收束成闭合状态。离开地球18个月后，连接到支架的马达将把它们向外推，展开天线，使航天器在漫长的旅途中与地球保持联系。但在部署当天，出现了一个问题，天线的三根支架未能打开，导致它偏向了一侧，最终无法使用。由于没有办法回收和修复航天器，其功率较小的低增益天线不得不被赋予新的使命。令人惊喜的是，尽管遭遇了这一挫折，但该任务还是完成了其最初科学目标的70%。与我们的兴趣**最相关**的问题是，**为什么**天线会被卡住？经过几轮研究，美国国家航空航天局得出结论，将支架固定住的钛针已经**冷焊**到它们的镍合金基座上，也就是说，这些金属已经融合在一起，天线的马达无论如何用力都无法将它们分开。

一对金属之间的冷焊不会自发发生。它需要一组特定的条件：首先，金属需要完全裸露，表面没有污染，也没有因暴露在空气中而形成原生氧化层；其次，至少有一种金属需要处于物理压力之下，并经历一定的变形；最后，金属之间必须有相对运动和摩擦。所有这些要求在"伽利略"号的天线系统上都得到了满足。销钉上面覆有陶瓷和润滑剂，被紧紧地推入其基座。随着时间的推移，销钉因此变形，使外涂层破裂并暴露出金属。每次天线由卡车在航天局的不同设施之间运输时，随着零件之间发生相对运动和特定支架经受巨大压力,这种状况都会进一步恶化。[①]在发射过程中,当航天器穿过大气层进入太空时,销钉和基座组件经历了剧烈的振动,导致它们糅在一起,只不过这一次不存在任何保护性氧化物。在这种情况下,用物理学家理查德·费曼(Richard Feynman)的话说,原子"不知道"它们来自不同的金属片,所以它们自由混合,形成冷焊。

这是最亲密的接触——两块金属成为一体,两者之间没有明显的连接或者接合面。20世纪40年代,研究真空室中金属之间相互作用的研究人员首次描述了这种现象。研究人员发现,当镍、铁和铂金的样品贴在一起滑动时,其摩擦系数明显增加。随后就会出现"完全咬合"的情况,这时接合处的强度与金属的整体强度一致。换句话说,接合处从机械角度来说与材料的其他部分没有区别。后来的一项研究表明,在不同金属结成的对子之间,以及在各种受控气体环境中的"新切割钛"中,也存在同样的过程。1991年,哈佛大学的科学家展示了在露天环境中,两层由柔性固体薄片支撑的黄金之间的冷焊。

从那时起,对冷焊的研究大多集中在纳米尺度,近距离探索少量原子,以更好地了解这种焊接是如何形成的。这些研究的驱动力不仅仅是出于对科学的好奇。许多现代技术,如智能手机、喷墨打印机、游戏控制器、汽车、飞机、水电表以及越来越多的医疗设备,都依赖几乎不可见的微机械系统,而这些系统涉及材料之间的相对运动。一代更小的设备可能即将问世,随之而来的是一系列新的制造挑战。[②]你不可能通过将碳纳米管拴在一起,或者在一堆银纳米粒子上涂胶水来制造一个结构。但你可以使用激光和高电压来创建连接。这些方法固然有效,却不够精确,而且它们产生的热量会损坏材料。如果掌握了冷焊这种可以在更低温度下实施的技术,我们就可以改变纳

① "伽利略"号在最后组装和发射日之间的时间超过4年,这被认为是涂层侵蚀的原因之一。造成这一延迟的是1986年的惨剧——"挑战者"号航天飞机爆炸,机组人员全部遇难。
② 人们已经开始在这个尺度下制造纯粹的电子设备——没有活动部件。截至2020年,三星集团正在生产制程5纳米的计算机芯片。你可以在一支标准圆珠笔的笔尖(直径0.5毫米)上放置10万个。

米机械装置的"自下而上的组装"。

　　2010年，由美国莱斯大学楼峻教授领导的一个团队证明，这是可以做到的。他们选择的工具是一系列超薄的金纳米线，其直径都小于10纳米。在实验中，他们将纳米线放置在一个叫作"透射电子显微镜"（TEM）的成像系统内的两个样本探针上。这些探针被小心翼翼地相向移动并对齐，以便金纳米线将"头对头"或者"侧对侧"地相遇。在接触的1.5秒内，实验人员观察到每根线中的金融合在了一起，34秒后，这个过程完成了，焊缝与金线的其他部分看起来毫无差别，没有明显缺陷。为了测试该焊缝的强度，两个探头被移开。金纳米线在其他位置而不是连接处断裂，这使作者得出结论："焊接后的结构与原始纳米线一样坚固。"楼峻和他的团队还给焊接线通电来测试其电气性能。原始纳米线和经过冷焊连接的纳米线的导电性没有区别。这两个金属结构真的变成了一体。

　　楼峻列出的几个机制现在被认为是冷焊的基本要素。其中之一是**扩散**，这涉及两个相接材料之间原子的逐渐迁移。在固体金属中，这可以在室温下发生。在绝对零度以上的所有温度下保持原子振动的热能也能使它们移动。在金对金接触的情形中，这些原子甚至可以弥合微小（小于0.3纳米）的间隙。正是这个过程使焊缝具有最初的黏性。下一步是**表面松弛**，在这个过程中，附近的其他金原子——在纳米线中排列成一个叫作"晶格"的网格，重新调整它们的位置，以容纳新闯入的原子。这个过程比较慢，但它使焊缝固化，并使其结构与纳米线的其他部分相匹配。楼峻发现，晶格方向接近的两根纳米线比那些晶格不匹配的纳米线焊接得更快、更容易。而对于成对的银纳米线以及金和银的组合，结果也同样令人振奋。这项研究是纳米级的冷焊首次在实验中得到证实，但它肯定不是最后一次。接下来还有很多其他的研究，每一个都在探索这个过程的不同方面。一些人利用冷焊接的银纳米线来建造可弯曲、透明的电子设备。还有人设计出了纳米级套筒轴承的等效物，这些部件经常被用于减少滑动物体之间的摩擦。我们离在商业设备中完全利用这种室温下逐个原子的焊接技术还有一段路要走，但进展相对较快。

楼峻的研究不仅为纳米技术打开了一扇通往新工具的大门，也为我们对两种材料相遇时可能发生的事情提供了一个独特的视角。通过该团队为其论文制作的视频，我们可以看到原子相互作用的发生，并观察它们随时间的推移而演变。但即使是像透射电子显微镜这样令人印象深刻的技术也有其局限性：它的图像是二维的，是交接面的一个截面，而不是整体形状。如果我们想研究原子间的相互作用并探究摩擦的本质，这种切片无法提供足够的信息。我们需要采取其他的方法。

润滑油

加州大学默塞德分校的机械工程师阿什莉·马蒂尼（Ashlie Martini）教授告诉我：

人们操纵表面之间的接触已经有几千年，但仍有待解决的问题存在。原因很简单：你无法看到接触区域，也无法直接测量它。毕竟，它被困在了两个固体表面之间。因此，我们必须通过间接途径来推断发生了什么——检测温度、摩擦、导电性或者黏合强度的变化。然后我们把这些放入未必准确的数学模型中。考虑到所涉及的挑战，定义接触如此有争议并不令人惊讶。

在粗糙的表面上尤其如此，因为只有高点实际接触，使得这些表面之间的"真实"接触面积只占总面积的一小部分。正如我们在第5章的轮胎上看到的那样，如果对接触面施加额外的压力，有时我们可能会增加实际接触面积，使这些表面的原子更加接近，并最终增加它们之间的摩擦力。

这种摩擦可能带来巨大的成本。根据两位摩擦学教授最近的研究，每年世界能源总消耗的五分之一以上用于克服摩擦。仅在运输部门，摩擦损失就占到所有能源消耗的30%。工业应用倾向于采取一种明显低技术含量的方法来管理摩擦，就像马蒂尼所解释的："大多数机械系统的目标是以某种方式促进运动。润滑剂是实现这一目的的最简单方法，因为它们降低了相对运动表面之间的摩擦系数。"

润滑剂通常以液体或固体的形式施用，将表面彼此物理分离，赋予它们更多赖以滑动的滑腻感。人类对接触物润滑的历史可能已有4000年。在苏美尔战车的车轴上，人们发现了动物油脂的痕迹，我们在引言中提到过，古埃及墓葬墙壁上的绘画表明，液体润滑剂曾被用来帮助运输重物。现代润滑剂的种类更多、更奇特，可以满足任何一种明确的需求，从风力涡轮机的转动到电脑硬盘的旋转。

"它们是有效的，"马蒂尼说，"但在几乎所有历史上，它们的设计、开发和完善都是通过试错，而不是科学的方法进行的。"这种情况正在发生改变，这部分归功于我们对更小、更高效的设备日益增长的渴求。"过去的情况是，你会使用尽可能多的油脂来保持接触面的分离。但厚厚的润滑油层是黏稠的，有可能增加摩擦，这正是你不希望看到的。在天平的另一端，也就是没有润滑层的情况下，摩擦也很高。"马蒂尼告诉我，这两者之间的某处存在一个"甜蜜点"，如果你仔细选择材料，一层润滑膜可以保持表面之间的低摩擦，尽管它们的间距不超过几十纳米。"润滑薄膜正好位于这个边界上，所以它们能用少量的润滑剂达到显著的效果。节约能源是目前世界各国都在关注的一个焦点，所以说经济和环境的驱动力确实在推动我们重新审视这些材料，只是这次要通过更加科学的角度。"

马蒂尼在这一领域做出了巨大贡献。十多年来，她的摩擦学实验室一直在研究各种尺度上的摩擦、润滑和磨损，以更好地了解其基本机制。在她探索的众多材料中，有两种是固体润滑界的"超级明星"——二硫化钼和石墨，后者与铅笔芯中的碳元素形式一样。两者都是分层材料，这意味着它们通过类似的机制获得滑性。构成其结构的叠层原子片彼此之间松散地结合在一起。当你对这些材料施加剪切力时，薄片会相互滑动，其情形类似于你推倒了一副扑克牌，尽管摩擦力要小得多。

两种材料的不同之处在于它们对氧气的反应。石墨在大气条件下工作良好，因为当它的薄片边缘与空气中的氧气形成键合时，它们会变得更光滑，更容易滑动。二硫化钼的情况正好相反——与氧气的反应导致其片状物聚成一团并凝住。因此，这些材料需要以非常不同的方式使用。你可以在大多数计算机硬件和电子商店找到石墨润滑剂，而二硫化钼往往被应用于太空领域。[①]润滑剂涂层的厚度将根据具体需求而变化，但在精密制造的机械系统部件之间，2~5微米是相当常见的厚度。尽管薄得无法用肉眼分辨，但从原子标准来看仍然是巨大的。测试这样的涂层的典型方法是，在一枚小硬针下面旋转或滑动其样本，并测量摩擦系

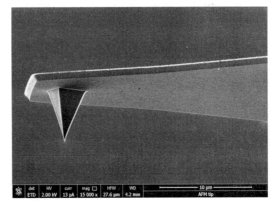

图25　一个典型的原子力显微镜尖端图像，图像底部的标尺长度为10微米

① 马蒂尼与美国国家航空航天局的喷气推进实验室合作，开发并测试了特定类型的二硫化钼干膜润滑剂，用于他们的火星车"毅力"号。要观看她关于这项研究的简短讲演，请在油管上搜索"Ashlie Martini dry film lubricant life"（阿什莉·马蒂尼干膜润滑剂的生活）。

数如何随时间变化。

　　用来探测薄膜润滑剂中存在的原子层的纳米级等效物的设备叫作"原子力显微镜"（AFM）。顾名思义，这种显微镜可以测量原子之间的作用力。更具体地说，它可以感觉到作用在一个非常锐利的尖端（探针）上的原子和那些被研究表面（样本）的原子之间的力。我们将在后文中探讨原子力显微镜的工作细节，不过在这里，请把探针想象成微型唱片机的唱臂和触针，其顶端只有一到两个原子宽。当探针在样本表面扫描时，它会逐行创建该表面的三维图像，并测量任何数量的不同属性（取决于设置），包括摩擦力（见图25）。这一工具使科学家能够确定，石墨和二硫化钼都能保持其润滑性能，哪怕接触面上存在极少量它们的原子。[①]

　　如果你听说过一种叫作石墨烯的材料，你可能已经知道，它是只有一层原子厚的碳片。这也使它成为石墨的纳米同胞，你的铅笔芯实质上是由数十万片石墨烯组成的。但当一层碳片与其他碳片隔离后，它会得到许多令人印象深刻的特性，如光学透明度、超强度以及对热和电的高传导性。2011年，韩国的一个研究小组对一系列石墨烯薄膜进行了动能摩擦测试，以了解他们是否可以将"良好的润滑性能"加入其特性列表中。

　　虽然单层石墨烯涂层表面的摩擦力确实减少了，但2~10层较厚的石墨烯薄膜表现出更低的摩擦力。哥伦比亚大学的研究人员测量了石墨烯、二硫化钼和其他两种原子级薄材料的摩擦特性，得出了类似的观察结果。在他们的实验中，无论哪种材料，一旦原子片的数量降到5层以下，摩擦力就开始增加。这一结论在2019年得到了进一步的支持，当时德国摩擦学家使用石墨烯来润滑球轴承和钢表面之间的接触。在那个场景中，3~5层原子片厚的石墨烯薄膜实现了最大幅度的整体摩擦力降低。5层二硫化钼的厚度刚刚超

---

① 这并不是必然的。许多材料的特性在纳米尺度上会发生改变。黄金被用于珠宝的原因之一是它的稳定性，它不像许多金属那样被氧化或发生反应。但黄金的纳米颗粒可以非常活跃，乃至被用来加速其他化学反应。

过 3 纳米，而对于石墨烯，它接近 1.7 纳米。我们谈论的是非常微小的尺寸，但即使在这种尺度下，如果你追求的是低摩擦，那么有几个爽滑的表面总比一个好。这预示着这些材料在微型机械装置中用作润滑剂有着良好前景。为了便于我们深入地了解摩擦的过程，我们只关注一层原子。

层

就像用于测量更大尺度上的摩擦的针一样，原子力显微镜的针尖可能会因在表面上滑动而损坏。它们对表面化学和湿度的变化也非常敏感，这使比较不同样本之间的测量结果（甚至在不同的日子里得到的测量结果）变得极其困难和不可靠。受到启发，马蒂尼设计了一个独特的实验——让石墨烯和二硫化钼这两种低摩擦纳米材料来一场正面对决。"从来没有人能够在一次原子力显微镜扫描中测量两种材料的摩擦性能，"她说，"但我的合作者——来自宾夕法尼亚州的罗伯特·卡皮克（Robert Carpick）和查理·约翰逊（Charlie Johnson），设计了一个神奇的样本和实验，让我们实现了这一点。"该样本的主体是单层石墨烯，与单层二硫化钼局部相叠。在每次原子力显微镜扫描中，针尖滑过这两种材料和相叠的区域，并测量摩擦力。尽管为了避免对二硫化钼不利，测量是在无氧环境下进行的，但石墨烯仍有更优秀的表现，在所有负载下都为他们的特定针尖提供了最低的摩擦力。

这项研究和其他最近的原子力显微镜研究还揭开了其他一些东西。当涉及摩擦时，原子片并不像你想象的那样光滑。在第 6 章中，我们谈到了黏滑摩擦及其在地震中的作用，但自1987年以来，人们便知道它在纳米尺度上也存在。美国国际商业机器公司（简称IBM）的研究人员在用原子力显微镜针尖扫描一个超平石墨样本时发现，摩擦力并没有在整个表面上保持一致，而是有明显的变化，在一个连续的"之"字形图案上交替升高和降低。这表明针尖的运动是走走停停的，时而随着表面移动，时而在表面上滑行。不仅如此，他们还意识到这种黏滑摩擦的周期性，图像上峰值之间的距离与石墨晶格中碳原子之间的距离一致。这项研究意义重大，因为它清楚地证明了摩擦的原子起源。摩擦不仅发生在微尺度范围内鼓包且相互挤压的粗糙表面上，它有更深的根源，哪怕表面平而又平，毫无粗糙度，它也会有作用。这些阻力似乎是材料固有的，乃至会受到原子结构的影响。因此，这项研究的结果挑战了人们对这种尺度上摩擦力的许多认知，并启发人们更新了用于描述原子相遇时发生情况的理论模型。

从那时起，美国国际商业机器公司的实验已经在大量其他材料上，包括二硫化钼、云母、金和氯化钠（食盐），以及各种环境下成功复制。这表明，这种效应不仅仅是碳材料的超能力。但在这些支持性研究中，有一些得出了相互矛盾的结论，从尖端大小、硬度和形状的影响，到在这种间歇性接触中储存和释放能量的确切机制。原子级黏滑摩擦的物理学描述还没有得到完全确定。

一个引人关注的发现是，在原子级平坦的材料上测得的摩擦力对尖端的滑动方向很敏感。这使人们想知道移动表面之间的原子摩擦力是否可以通过改变原子的相对位置来进行"调整"。2004年，荷兰科学家首次通过实验证明了这种效应。他们在尖端下旋转石墨样本，测量样本在各个方向的摩擦力。在绘制结果时，他们发现了两个狭窄的高摩擦峰值，中间隔着一个摩擦力下降到几乎为零的宽阔区域。经过各种测试，他们得出结论，尖端以某种方式"拿起了"石墨片，而两个高摩擦方向是由石墨片和样本的原子晶格完美对齐造成的。在那些晶格方向不匹配的位置，摩擦几乎消失了，石墨片可以毫无阻力地滑过样本。

人们经常用一对相对滑动的鸡蛋盒来描述这一现象。在某些位置，两个波纹表面会交错，最大限度地增加摩擦力，使所有运动停下。然而，如果一个鸡蛋盒稍微旋转，波峰和波谷的图案就不再一致了。于是艰难颠簸的运动变成相对轻松的滑动，鸡蛋盒之间的摩擦力明显下降。这种效应被称为"**结构性超级润滑**"，被吹捧为可以解决我们所有摩擦问题的方法（主要是在令人窒息的媒体报道中），这是一种在机械系统中击败能量损失的手段。

"我对超级润滑没有那么感兴趣，"当我问及超级润滑的可能影响时，马蒂尼说，"我的意思是，我对它感兴趣，因为我是研究原子摩擦的，但我对围绕它的一些炒作心存怀疑。也许我是错的，但我就是认为，这些研究不会有太多能在实际条件下的真实机械部件中重现。"埋头苦读了一番关于结构超润滑性的科学文献后，我觉得这似乎是一个相当公允的评价。由于这种效应对单个原子的相对位置很敏感，所以它往往只发生在高度受控环境中的纯净表面上。任何污染物或者水蒸气的存在都会干扰它，甚至升高的温度也会产生影响。此外，已发表的关于超级润滑的研究主要由一种材料主导，即所有形式的碳。在谷歌学术上稍加浏览一下，你就会发现包括从钻石纳米颗粒和石墨烯之间的相互作用，到嵌套碳纳米管的滑动分离在内的各种论文。[①]让我猜一下：为什么研究人员那么钟情于碳基材料？我想，石墨被用作润滑剂已经有几十年的历史，所以它的特性是众所周知的。另外，由于材料合成领域的最新进展，现在制造大量碳纳米结构已经相对容易。

但马蒂尼说，仍然缺少一个环节：

[①]　2020 年 12 月 18 日，我在谷歌学术搜索中找到 3250 个与碳相关的结构性超级润滑的结果（不包括专利和引用）。所有关于"结构性超级润滑"的结果共计 4140 个。

在实践中，永远不可能有一个无限大的完美石墨烯层来让你滑过。材料总是会有缺陷，比如阶梯边缘——一层结束，另一层开始的位置。我们想证明，看，哪怕是具有超级属性的超级材料，也会有需要克服的东西。主要的挑战是，在这些无处不在的台阶边缘处摩擦力的急剧变化。

2019年，马蒂尼和她的合作者金成汉（Seong H. Kim）发表了一系列关于这个问题的研究论文，结果令他们感到惊讶。

他们的实验涉及一个原子级平坦的石墨表面，该表面的一部分被单片石墨烯覆盖。这形成了一个0.34纳米高的台阶，他们可以用原子力显微镜的尖端进行扫描并测量摩擦力。在一些扫描中，针尖会从石墨上升到石墨烯覆层上。在其他情况下，针尖会向下移动。说到预期会发生的事情，马蒂尼将其与我们人类上下楼梯的方式进行了类比："拾级而上是需要耗费能量的。下台阶则容易一些，因为重力会帮助你。"重力在石墨烯片之间没有起作用——单个原子的质量太小了，因此重力对它们起不到真正的拉动作用，但她解释说，高度变化仍然可能产生影响。"如果我们只看表面形态，那么当尖端滑上台阶边缘时，我们会期望测到阻力或者高摩擦力，然后在它下滑时测到低阻力或者零阻力。"

在两个平坦的表面上，他们测到的滑动摩擦系数非常低：0.003，不到两块以滑溜著称的特氟龙之间摩擦力的十分之一。[1]这证实了碳材料是超级润滑剂。

在台阶边缘附近，情况发生了变化。当尖端滑上台阶时，他们看到一个巨大的峰值——摩擦力增加了30多倍。到此为止，一切都在预料之中。当尖端往下滑时，事情变得相当复杂。"我们发现在下台阶的过程中也有阻

---

[1] 见 Hypertextbook.com 上关于特氟龙对特氟龙 μ 值的汇总表。

力！比上台阶时小得多。所以表面形态确实有帮助，但摩擦力仍然是增加的。"马蒂尼说。还有其他某种效应在起作用，它抵消了尖端在下落时得到的加速。

它就是化学反应。这些实验都是在空气中进行的，你可能还记得，在空气中，石墨烯的性能最好。每片石墨烯边缘裸露的碳原子和它们周围空气中的氢氧（–OH）基团之间发生的反应，是石墨烯能够彼此滑动的原因。然而，这些化学键对原子力显微镜针尖有非常不同的影响。当针尖滑过上表面并滑向台阶边缘时，它突然发现自己面临着一个新的化学景观：一条紧贴着悬崖的–OH带。它们对针尖施加了一种黏附力，与针尖的原子形成氢键，拉扯针尖并使其减速。这就是马蒂尼和她的同事在下台阶实验中意外测到的微小阻力（摩擦力）的来源。当针尖从下表面接近台阶时，黏附效应甚至更大，因为针尖在那里与–OH带的侧面相遇，使得它成了一个更大的化学键合目标。这一点，再加上表面形态——爬上物理屏障的行为，解释了为什么在上台阶实验中测得的摩擦力比下台阶实验中的大得多。

"那么，在台阶边缘测得的这些巨大摩擦力尖峰是不是为结构性超级润滑敲响了丧钟？"聊到最后，我问马蒂尼。她说：

好吧，也许还没有。我们在论文中辨析的想法是，这些台阶边缘的化学成分是可控的。如果你找到正确的东西放在石墨烯层的边缘，就有可能调节摩擦力并去除那些尖峰。这样你就不会受限于你在每个石墨烯表面都能发现的缺陷。我认为，这是一种方法，可以让我们朝着更实用的超级润滑剂（在真实条件下工作的超级润滑剂）更进一步。

这项研究（以及在其前后的其他研究）凸显了与我们探索有关的另一个因素。它告诉我们，摩擦力不是一种基本力，而是一个总称。它将不同尺度上的不同相互作用简单地打包在一起，这样它们就可以用一个单一的数字来描述了：摩擦系数 μ。在现实中，摩擦力至少有两个不同的组成部分，它们共同作用抵抗表面之间的相对运动。

一个是**物理性**的，由表面上的任何崎岖或者纹理之间的碰撞造成；另一个是**化学性的**，当滑动表面的原子彼此之间足够接近，就会形成跨接合面的化学键。前者主导着大规模结构的力学，如两个构造板块之间的摩擦。但多亏了像原子力显微镜这样的工具，我们现在知道后者在纳米尺度上（当有关的活动部件只有几个原子大小时）起着关键作用。由于我们的目标是建立高能效的微小设备和部件，摩擦的这一方面将变得越来越重要。只有准确地了解它的来源，我们才能控制它。

接触

30多年来，原子力显微镜使我们能够以前所未有的细节探索材料[①]——生成原子级平坦表面的三维图像，拉扯单个原子，并帮助我们更好地了解材料之间发生了什么。为了进行原子力显微镜测量，探针，你应该还记得，它是一根长杆，其末端有一个金字塔形的尖头，被逐渐向一个表面放低。随着它的接近，探针的原子开始通过一系列力来感受表面的原子。当尖端和表面相距约10纳米时，范德瓦耳斯力出现了，就像在壁虎脚掌上一样，它们是

---

① 原子力显微镜的前身——扫描隧道显微镜，由国际商业机器公司科学家格尔德·宾宁（Gerd Binnig）和海因里希·罗雷尔（Heinrich Rohrer）于1981年发明。这两人后来共同获得1986年诺贝尔物理学奖，颁奖委员会称他们的发明是"全新的"，并说它将开辟"全新的领域……用于研究物质的结构"。同年，宾宁与科学家卡尔文·奎特（Calvin Quate）和克里斯托夫·格伯（Christoph Gerber）发表了一篇论文，阐述了他们发明的原子力显微镜。

吸引力，使得尖端愈加接近它的目标。[①]但当它与表面之间的距离进一步缩小时，另一个力就会出现，即一种排斥尖端的力。这种排斥的来源是一个叫作"泡利不相容原理"的法则，它（用易于理解的话说）与这样一个事实有关：对原子来说，所有的电子都是不可区分的，没有两个电子可以同时处于同样的状态。[②]这意味一旦尖端和表面原子离得足够近，它们的电子就会开始互相排斥，造成探针往上缩。

根据诺丁汉大学物理学教授菲利普·莫里亚蒂（Philip Moriarty）的说法，范德瓦耳斯的**拉力**与泡利的**推力**相接之处是一个重要的点："这就是我们所说的事物'接触'的根本含义。只要合力为零，也就是说当吸引力和排斥力达到平衡时，原子力显微镜尖端就会正式接触到表面。如果你试图把它们推得更近，你所做的只是提高排斥力，它们就会分开。"当我要求给"接触"下定义时，得克萨斯农工大学化学家詹姆斯·巴迪耶斯（James Batteas）教授也给了我一个类似的答案，剑桥大学材料科学家蕾切尔·奥利弗（Rachel Oliver）教授也是如此。

这告诉我们，在原子层面，两种固体材料之间的接触实际上是由相对的力的平衡来定义的。这本身并不令人惊讶，毕竟一个杯子能待在桌子上，只是因为这两个物体对彼此施加了一个相等但相反的力。但当我们说这种"接触"是由电子——几乎没有质量的微小粒子，永远盘旋在原子核周围介导的时候，它就变得不那么直观了。我认为，部分原因是我们人类倾向于认为现实世界中的物体是绝对坚固的。你手中的书，你脚下的土地，你午餐时吃的三明治，甚至你家附近河流中快速流动的河水，它们都是牢靠、坚固、

---

① 对于在环境空气中进行原子力显微镜测量，毛细管力——由表面上存在的纳米级厚度的水蒸气层产生，也会将尖端拉向表面。

② 一旦你深入单个电子的尺度，物理学定律就会发生变化，而且变得不那么直观。泡利不相容原理是一种量子现象，鉴于沃尔夫冈·泡利（Wolfgang Pauli，提出该原理的人）和备受赞誉的物理学家理查德·费曼都无法用简单的术语解释该原理，我对我三言两语的描述并不感到内疚！不过，它与人们更熟悉的、更大尺度上的静电效应有关，即同类电荷相互排斥，相反电荷相互吸引。菲利普·莫里亚蒂（在正文的下一段中将有对他的引用）在他的博客上写了关于泡利不相容原理的文章。我将在我的网站上放一个链接。

真实的。

那么自然而然地，我们可能会以同样的方式看待原子：坚硬而致密的球体，拥有光滑的外壳。但事实上，原子内部大部分是空的，以至于它们的结构被比喻为巨大教堂穹顶中的一只苍蝇，其中苍蝇代表原子核，墙壁代表遥远的电子云。[①] 又因为电子遵守奇异的量子力学法则，我们不可能知道任意时刻它们的确切位置和动量。我们最多能用概率来描述它们，这使原子的外部边界变得更加模糊，而不是平滑。[②]

无论如何，这种微妙平衡的原子拉锯战确实定义了两个固体之间最紧密的可能接触——它们的电子云开始相互作用的时刻。许多网友认为，这意味着我们永远无法真正接触到某样东西，他们用从成对的足球到紧握的手的各种事例来说明这一点。但莫里亚蒂告诉我，这在于你如何定义它：

> 每个体系或科学专业都将有自己的方式来描述接触，一种适合其需要的方式。如果我们谈论的是原子和量子世界，类比对于我们理解的帮助就更少了。我们不能轻易用宏观世界的例子来描述原子之间的接触，因为尺度根本不匹配。我们需要一个公认的科学定义，而力的平衡点是我们可以测量的东西。所以这是一个有意义的定义，而且我敢说也是唯一有意义的定义。

如此说来，接触只关乎电。

原子摩擦也是如此，因为当我们把一个过程描述为化学过程时，我们真

[①] 这是在转述原子核的发现者、新西兰科学家欧内斯特·卢瑟福（Ernest Rutherford）的话。爱尔兰记者布莱恩·凯斯卡特（Brian Cathcart）撰写了一部关于分裂原子竞赛的精彩著作，书名为《大教堂里的苍蝇》（*Farrar Straus Giroux*，2004 年）。如今，电子云往往被描述为"量子场"，但对我们的目的而言，我不确定这有没有增进我们对它们的理解。
[②] 这是由海森堡不确定性原理描述的，由电子既是波又是粒子这一事实推导出来。要想了解这一点以及整个量子力学，我推荐查德·奥泽尔的《如何向你的狗教授量子物理学》（*How to Teach Quantum Physics to Your Dog*, Oneworld Publications，2010）一书。

正的意思是它涉及电子。当原子力显微镜针尖被拖过一个原子级平坦的表面时，是那些相互作用的原子的电子云控制了它们之间临时化学键的形成。它们提供了马蒂尼教授在她的实验中测量到的阻力。如果两个滑动表面，也许是一对高度抛光的量块保持长时间的接触，这些键可以成为半永久性的，将来更难把它们分开。但如果这些表面是两个完全干净的金纳米线末端，它们可以紧密融合，这样它们之间的连接点就会消失。

这幅相对简洁的电子驱动摩擦图景忽略了一个重要的现象，一个任何曾经在寒冷的日子里搓过双手的人都很熟悉的现象：滑动摩擦会产生热量。这种动能转化为热能的机制，可以说是摩擦学中得到最多研究的机制。一般的想法是这样的：每当两个固体相对滑动时，它们的表面原子就会反向而行，从而在整个晶格的其余部分产生振动。这些振动叫作"声子"，通常被描述为"原子声波"，但它们也是热量在固体中流动的手段。在这种情况下，这些看似不相干的能量形式之间唯一的真正区别是原子振动的速度（或者频率）。如果声子的频率很低，那么你就是在处理声能；如果很高，那就对应于热能。在大多数接触情况下，会有一系列不同频率的声子产生并在原子晶格内向各个方向激荡。就像暴风雨中的海浪一样，声子可以相互干扰，有时相互放大，有时相互抵消。声子传输是嘈杂的，但它在传输热量方面非常高效。

首次有人提出声子促成了滑动接触中的热能损失是在1929年，随后这个想法获得了认可，并成为许多其他摩擦模型的重要组成部分。[1]但直到2007年，它才被罗伯特·卡皮克教授（前面提到的马蒂尼的合作者）用原子力显微镜首次在实验中证实。如今，人们普遍认为，这些晶格振动的产生是推动滑动表面温度升高的原因。根据佐治亚理工学院副教授杰弗里·L. 斯特

---

① 这是物理学家乔治·阿瑟·汤姆林森（George Arthur Tomlinson）博士提出的，关于固体之间干摩擦最早的（也是最重要的）模型之一也是他创建的。物理学家路德维希·普朗特（Ludwig Prandtl）博士在1928年发表了自己的模型，与前者非常相似。为了纪念他们，这个模型现在被称为"普朗特－汤姆林森模型"。

里特（Jeffrey L. Streator）的说法，声子对这些相互作用非常重要，它们的存在可以改变被测量的摩擦力。

斯特里特最近发表了一项研究，其中他模拟了刚性滑块（原子网格）在原子级平坦弹性材料平板上的接触。他发现，两个相同的纳米级滑块在彼此接近的情况下，**在同一表面上测得了不同的摩擦值**。这与超级润滑无关。并没有哪个滑块的原子和平板的原子之间存在着神奇的排列关系。相反，斯特里特告诉我："声子是造成这种差异的主要原因。摩擦和声子传播之间的基本联系早已为人所知。但我的结果表明，它也许还有一些人们未曾想到的特点。"看来，随着每个滑块产生声子，它们在材料中移动。由于斯特里特模拟中采用的材料是有弹性的，它的原子就像被弹簧连接起来一样，朝着不同的角度弹跳。当我们谈论这种尺度的相互作用时，哪怕是原子位置微小、暂时的变化，也足以改变我们用来定义接触的力的平衡。

因此，原子摩擦实际上是两种机制的结果：一种由电子介导，另一种由声子介导。它们共同产生一种阻力，抗拒两个滑动的原子级平坦表面之间的相对运动，同时将动能转化为热能。[1]简洁明了，对吧？其实，在具有导电性或磁性的材料中，很可能还有更多机制促成了这种通常被称为"摩擦"的相互作用。如果其中一个表面被污染，哪怕只有几个原子或者一两个带电粒子，这也会改变它们的摩擦行为。如果表面是粗糙、有纹理的，而不是光滑的，那么磨损是能量损失的主要原因——当突起特征发生碰撞时，大部分滑动能量被用来从表面上将材料物理削除。事实是，对于"摩擦**到底**是什么"这个问题，没有简单的答案。它在原子层面表现出最基本的形式，模糊一团的电子和七上八下的振动，但这些机制并不能完整描述我们在更大尺度上看到的情况。这就是摩擦的问题所在：我们的认知存在一个缺口。

---

① 在越来越多的研究人员看来，这种描述还不够深入。至少从 20 世纪 60 年代开始，"量子摩擦"理论就已经在发展了。在撰写本书时，就连这种更基本的摩擦表现的存在也仍然是一场激烈辩论的议题。

有很多证据表明，人类认识到摩擦现象已经有几千年了，我们的祖先利用这一知识巧妙地控制表面之间的相互作用——从摩擦火石生火，到弄湿沙子之后努力拖动巨大的石块。后来，包括亚里士多德在内的希腊人开始对支配运动的力量着迷，并提出一些关于它们可能是什么的早期想法，大体上围绕摩擦力的概念。直到15世纪，达·芬奇才对这种阻力进行第一次科学描述。但由于他没有公布他的方程式，世界上其他国家不得不再等200年，直到法国物理学家纪尧姆·阿蒙顿（Guillaume Amontons）提出摩擦定律，再现达·芬奇的发现。从那时起，摩擦模型变得越来越复杂，提供了一种用数学语言描述极其复杂的相互作用的方法，如变形、磨损和润滑，而实验研究也丰富了这些模型。

冒着听起来过于迷信摩擦力的风险，我想说这些知识推动了工业革命，使工程师能够设计出效率提升数倍的新型轴承、齿轮和其他机械系统。铁路的蓬勃发展尤其要归功于人们对润滑更深入的了解。今天，每一个有活动部件的系统都是围绕着摩擦力设计的，一些部件致力于将摩擦力降到最低，而另一些部件则利用了其阻止的力量。我们关于滑动表面的知识，帮助我们更透彻地理解地震的破坏力和冰的行为。而对固体与液体相遇时发生的情况进行测量的能力，则为我们提供了高度专业化的油漆和黏合剂、低摩擦涂层和超声速飞行。它甚至成了许多我们喜爱的运动的基础。

所有这些例子的共同点是尺度，它们都很大，至少相对而言。是的，我知道你自行车上的刹车片比地震断层要小一点，但就摩擦而言，它们大体上可以用同样的定律来描述。而从实践角度来看，我们对这些定律的领悟还是很透彻的。毕竟，我们已经依靠它们取得了众多成就。然而，近几十年来，我们做出了一个重大的转变。凭借能够探测原子世界的工具的发展，我们已经仔细研究了摩擦的更多基本方面，并揭示了其背后的机制。我们可以建立模型并测量原子之间的摩擦是如何运作的，而且（我们认为）我们知道它来自哪里。因此，在纳米尺度上，我们对这一过程也有了更深刻的了解。

但这两个领域位于鸿沟两边，它们之间没有桥梁。它们各自遵循的摩擦定律无疑有效，但也互不相干。到目前为止，还没有一套方程能够将我们对原子摩擦力的新发现嵌入我们对这种力更宏大、更经典的描述中。如果这样的模型能够被开发出来，它将是变革性的，我保证，我这样的说法绝不是"科学家总是认为自己的专业最重要"的又一例证。对摩擦的统一描述所带来的影响将远远超出实验室的范围。它能提供的主要是预测任意一对材料的摩擦系数 μ 的方法——这在目前是不可能的。

这个数字告诉了你两个表面之间相互滑动的难易程度，正如我们在本书中看到的那样，这个数字的使用无处不在。但它一直是通过实验测量得到的，无论是冰上的钢铁、沥青上的橡胶还是橡木上的皮革。这意味着它的值受其他因素的影响，如材料的硬度、温度、湿度、表面粗糙度或存在的污染。它们都有可能改变滑动摩擦力。正因为如此，工程教科书中公布的这个系数是近似值，而不是精确的数值。另外，正如我们所发现的，当接合面只有几纳米大小时，那些影响大块材料测量的因素就更加关键了。即便我们能够准确地量化每一个单独的因素，它们也无处可放。（还）没有一个模型可以让我们把这些数字倾入其中，然后蹦出来一个漂亮、一致的 μ 值。或者如杰弗里·斯特里特所说："就算你给摩擦学专家提供一对物体的材料属性，以及它们的整体几何形状、表面形态和表面能量，他也无法有把握地告诉你滑动摩擦系数是多少，因为没有已确立的预测模型。"

如果没有这种能力，我们将很难制造出无数电影和科幻书中所承诺的微型机器人。目前，我们甚至无法制造出一个能在磨损之前自由旋转的纳米齿轮①。但是就算到了公共汽车和传送带的尺度上，预测 μ 的能力也将使我们

---

① 2020 年 3 月，澳大利亚皇家墨尔本理工大学的研究人员报告了一个基于碳纳米管的微小齿轮的"稳定旋转"。它只在低于 −173.15 ℃的温度下工作。

能够更加容易地设计出精密仪器。虽然大多数工程师不需要担心声子传输问题，但将其纳入他们的方程式中只会提高性能。从长远来看，它甚至可能减少对润滑剂的依赖，而不影响机械系统的效率或可靠性。就像马蒂尼对我说的："仔细思考一下，你会感到很惊讶，大家都还在使用一个完全是经验性的且不可复制的摩擦系数。如果我们能从基本原理中预测出来，这对大家都好。"但她说，要改变这种状况并不容易：

> 我们必须找到一种方法，将我们在较小尺度上的理解放大并纳入用于工程的较大尺度的模型。老实说，这是一项重大的挑战，但它也是一个机会。对我来说，在这个领域工作，很酷的一件事是，仍有一些待解决的问题，如果我们能够给出答案，就能对世界产生巨大的影响。

当我着手写这本书时，我想向你，我可爱的读者，介绍一个隐藏在众目睽睽之下的世界：表面。那些一种材料与另一种材料相遇的地方。我知道这个故事将包括壁虎和盲文、泳衣和轮胎、地震和声障、冰和油漆，而且确切的细节还需要大量的研究。但从第一天起，我就对这最后一章有了明确的设想。它将致力于说明我们对摩擦力的理解有多么不足，解释我们真的不知道接触意味着什么，并证明如果你对材料表面的钻研足够细致，你会发现，问题多于你能得到的答案。但是，我希望你在前面几页的阅读中已经领会到，我已经改变了对这些事情的看法。

在沉浸在这个话题中数年，并与世界各地善良而杰出的专家交谈后，我意识到了一些事情。尽管表面科学复杂得令人吃惊，但我们已经以某种方式学会了驾驭它，甚至在许多情况下控制它。是的，我们的知识中仍有未解之谜和空白；是的，有一些模型还有改进的空间；是的，就连关于日常事物如何工作（说你们呢，冰壶和黏合剂）以及一些基本原理，人们也有分歧。但如果只关注我们不知道的方面，就会对我们的已知造成冲击。

我们对接合面的理解与我们一起成长。纵观历史，我们学得越多，眼界就越宽。因此，很少有知识上的空白会真正阻碍我们的发展。在寻找可行的解决方案方面，人类有着惊人的创造力，即便我们还没有掌握所有的方程式。我们已经凭借有关接触、摩擦、流体动力学和表面的应用知识建造了金字塔，利用了风能，探索了太阳系。而每一次突破，我们都会发现一些新的东西，同时完善之前的想法。这就是科学和工程的运作方式。这也是它们一直以来的运作方式。不管以后发生什么，这些追求都没有停止的迹象。

延伸阅读

啊，参考文献。同时也是我写作过程中最喜欢和最害怕的部分。这本书涉及了很多研究。我最后记录的参考文献接近900份，涵盖了论文、专利申请、书籍、文章和我看到的报道，这还不包括我的采访笔记。我不会在这里分享所有的。所以，如果你想了解更多关于这本书的信息，请查看我的网站www.lauriewinkless.com。在那里，我发布了一个完整的参考文献列表。

致谢

　　这本书的封面上可能只有一个署名，但如果没有下面这些出色的人的帮助，它就不可能问世。如果你付出了时间来帮助我，我欠你一份人情。

　　我采访并引用过话的人：莫妮克·帕斯勒、科林·古奇、加布里埃尔·诺迪亚、马塞尔·斯科特、史蒂文·阿伯特、埃德里安·鲁蒂、凯拉·奥秋、阿丽莎·斯塔克、马克·卡特科斯基、阿鲁尔·苏雷什、亚伦·帕内斯、韩京元、菲奥娜·费尔赫斯特、梅丽莎·克里斯蒂娜·马尔凯斯、迪伦·温莱特、博迪尔·霍尔斯特、马兹·约万诺维奇、安德鲁·尼利、普里扬卡·多帕德、乔恩·马歇尔、吉玛·哈顿、沙赫里亚尔·科萨里耶、约翰·凯里、卡罗琳·博尔顿、劳拉·华莱士、杰里米·戈斯林、罗布·兰格里奇、艾米丽·沃伦-斯密斯、丹尼尔·邦恩、马克·谢盖尔斯基、斯塔芬·雅各布森、马克·卡伦、克里斯蒂娜·胡尔贝、艾米·贝茨、吉莱恩·哈利勒、塔尼娅·范·皮尔、马特·卡雷、希腊奥德琳·穆迪尼、希瑟·库尔伯森、莉尼丝·埃弗格林、尼娜·朗斯基、阿什利·马蒂尼、菲利普·莫里亚蒂、杰弗里·L.斯特里特尔。

　　那些给我建议，谈论他们的工作，介绍我认识其他人，安排采访，给我发送报告、论文、图像和数据，或者对我的胡言乱语进行事实核查的人：吉夫·威尔莫特、基亚拉·内托、埃米尔·韦伯斯特、詹妮·马尔姆斯特伦、新西兰警察队的团队（马特、尤金、托尼和格雷格）、詹姆斯·巴特斯、丹·伯纳斯科尼、威尔海姆·巴特洛特、亚历克斯·鲁索曼诺、瑞秋·奥利弗、艾伦·巴克斯特、汉娜·戴维森、杰夫·基尔古尔、罗宾·斯洛基特、朱凯蒂、威尔·亨斯、贝蒂娜·米尔斯、玛吉·麦克阿瑟·默里、凡妮莎·杨、吉姆·萨顿·查尔斯·东、马克·林肯和亚当·帕。

我的章节审稿人：丽莎·马丁、约翰·乌尔里奇、埃莉诺·斯科菲尔德、劳拉·塞申斯、保罗·伯恩、克莱尔·巴德斯利、琳恩·罗斯、大卫·兰姆、尼克·哈里根、塞莱斯特·斯卡奇尔、凯瑟琳·夸尔特罗、丽贝卡·奥黑尔、安娜·桑普森、加雷思·海因兹、费利西蒂·鲍威尔、@ThatMaoriGirl、尼古拉·哈迪、克莱尔·刘易斯、奥拉·威尔逊、约翰·英格利比。

我的丈夫，他的耐心是无与伦比的，他阅读了这本书的每一个字。我的父母和家人从未怀疑过我最终会写完它，他们告诉我，即使我一团糟，他们也为我感到骄傲。我的朋友们分散在多个时区，他们是我主要的精神支撑，尤其是当事情不顺利的时候。我的西格玛兄弟姐妹们一直在鼓励我。我的推特朋友和友好的陌生人基本上是我的同事、啦啦队长和知己。还有玛丽·罗奇，谢谢她对我竖起大拇指，让我用她启发的书名。

最后，非常感谢布卢姆斯伯里的团队，尤其是西格玛老爹吉姆·马丁，当我搬到世界的另一边时，他没有对我大喊大叫，也没有在我告诉他这本书要晚一年半的时候，大发雷霆。凯瑟琳·贝斯特和马克·丹多，感谢你们把一个初稿变成了值得出版的东西。安娜·麦克迪尔米德让黏性走上了漫漫长路，安吉丽克·诺伊曼把黏性带回家。

谢谢大家。